解·析
成功的捷径

〈下〉

何威 ◎ 编著

中国出版集团

图书在版编目(CIP)数据

解析成功的捷径(下)/ 何威编著. —北京 : 现代
出版社, 2014.1

ISBN 978-7-5143-2106-7

Ⅰ. ①解… Ⅱ. ①何… Ⅲ. ①成功心理 – 青年读物
②成功心理 – 少年读物 Ⅳ. ①B848.4 – 49

中国版本图书馆 CIP 数据核字(2014)第 008494 号

作　者	何　威
责任编辑	王敬一
出版发行	现代出版社
通讯地址	北京市安定门外安华里 504 号
邮政编码	100011
电　话	010 – 64267325 64245264(传真)
网　址	www.1980xd.com
电子邮箱	xiandai@ cnpitc. com. cn
印　刷	唐山富达印务有限公司
开　本	710mm × 1000mm　1/16
印　张	16
版　次	2014 年 1 月第 1 版　2023 年 5 月第 3 次印刷
书　号	ISBN 978-7-5143-2106-7
定　价	76.00 元(上下册)

目　录

第四章　努力奋斗　把握今天(下)

(四)把奋斗作为永恒的目标 …………………………………… 1

(五)做今天的自己 …………………………………………… 4

(六)铸就辉煌每一天 ………………………………………… 7

(七)不放弃　就永远有成功的希望 ………………………… 9

(八)逆境中的成功萌芽 ……………………………………… 11

第五章　变换角度　摆脱枷锁

(一)成功需要创造性思维 …………………………………… 15

(二)激发自己的"新思想" ………………………………… 18

(三)张开想象的翅膀 ………………………………………… 21

(四)换个角度　你就是赢者 ………………………………… 26

(五)用智慧开辟捷径 ………………………………………… 29

(六)走出思维误区 …………………………………………… 31

(七)该低头时则低头 ………………………………………… 38

(八)向"不可能"宣战 ……………………………………… 41

(九)正确地思考与观察 ……………………………………… 44

第六章　行胜于言　不断积累

（一）把信念化为行动 …………………… 48

（二）学会赞美他人 …………………… 51

（三）三思而后行 …………………… 55

（四）不断积累　不断爆发 …………………… 58

（五）成功从珍惜时间开始 …………………… 60

（六）敢于冒险才能成功 …………………… 63

（七）从基层起步　从小事着手 …………………… 66

（八）坐而言　不如起而行 …………………… 69

第七章　借助外力　运筹帷幄

（一）不要"万事不求人" …………………… 73

（二）走自己的路　也听别人怎么说 …………………… 75

（三）懂得如何利用你的对手 …………………… 78

（四）懂得说"不" …………………… 81

（五）人际沟通本无术 …………………… 86

（六）放下身段 …………………… 88

（七）把握说话分寸 …………………… 93

（八）记住别人的名字 …………………… 97

（九）取信于人才能成就大事 …………………… 102

（十）朋友多了路好走 …………………… 108

（十一）团结就是力量 …………………… 114

（十二）巧用五个交际圈 …………………… 118

第四章　努力奋斗　把握今天（下）

（四）把奋斗作为永恒的目标

　　从前有一个十分贪婪的国王，虽然他拥有无数的珍宝、鲜花和掌声，但总是觉得自己拥有得太少。于是，国王去神庙里拜神，祈求神赐予他更多的财富，神答应了他的要求，使他的食指变成了一只金手指。这只金手指可以把任何东西点化成金子，国王很高兴。

　　第二天早上，国王走到自己的花园里，看到早晨的玫瑰花十分漂亮，于是伸手去摘，瞬间玫瑰花变成了金子。国王欣喜若狂，觉得自己将变成世界上最富有的人。国王来到饭桌前，拿起勺子准备用餐，勺子变成了金子，他用金勺子吃饭，饭菜也变成了金子。于是，国王产生了烦恼，毕竟金子不能吃啊。这时候，他的小女儿走过来向他问早安并和他拥抱，瞬间他的小女儿也变成了金子。他想摸一下了自己养的狗，指尖刚触到狗，狗也变成了金的。最后国王周围的一切都变成了金的。国王难过万分。又去找神要求解除他的金手指，并把所有的变回来，这时候他才知道这是神对他的惩罚。

　　没有奋斗而得来的东西最终也不会是自己的东西，向国王这种想要点石成金的做法是不提倡的，到最后后悔的反而是自己。奋斗才是我们永恒的目标。神之所以惩罚国王，是因为他贪婪懒惰，总是想不劳而获，没有丝毫斗志。没有斗志的人，他们的生活常常是平庸而无趣的。伟大的人物，他们总是穷其一生在探索、在奋斗，只有这样的人，才会在自己的领域内做出突出的成绩。

奋斗无止境，最值得敬佩的成功者往往不会满足于眼前的成就，他们总是把现有的成就当作新的起点，把奋斗作为自己一生中永恒的目标。也正是因为如此，他们常常能够发挥出自己最大的潜能，超越自我，产生超强的创造力，使自己的人生更有意义。

大家所熟知的香港功夫片明星成龙就是一个很好的例子。成龙从 14 岁出来闯天下，至今没有懈怠过，始终在追求更高的境界。成龙为了拍出更加惊险的动作，常常为了一两个动作苦练很长时间，在苦练期间他承受了巨大的心理压力和肉体上的痛苦。他身上的 100 多处伤痕是他不断努力不断突破的代价，但是他从来没有因为现有的成绩而停止过。

在美国前总统约翰·肯尼迪的坟墓前，有一把永不熄灭的火炬，意味着他生生不息的人生。而他的哥哥罗伯特·肯尼迪的坟墓前，则是一滩不断流动的水，代表着生命永不止息。这是他们最后的语言，也是一生写就的语言，是值得每一个人去思考和学习的。永不满足，自强不息，不断奋斗是强者身上最明显的特征。

不能指望一个放任自己随波逐流、甘于平淡安逸生活的年轻人会有什么不平凡的业绩。这种安于现状的人，明明知道自己只不过是发挥了自身潜能中很小的一部分，知道自己的能量正在以各种各样的方式白白浪费，但他们却仍然安之若素、不为所动。同样，人们也不可能指望一个缺少雄心壮志、精神萎靡不振、情绪低落的年轻人会做出什么了不起的成就，他们只想顺着既定的生活轨道按部就班地走下去，他们甘于平凡、回避责任，尽可能地得过且过，消极避世。他们的生活就如无根的浮萍一样漫无目标，就如飘零的柳絮一样毫无寄托，他们人生的步履也没有坚实的根基。即便是最初隐藏在他们身上的那些潜质，也因为长时间地被弃之不用而逐渐荒废消亡。

只有那些不满足于现状，渴望着不断地改变自己，时刻希望攀登上更高层次的人生境界，并愿意为此挖掘出全部潜能的年轻人，才有希望达到成功的巅峰。

假定每个人都是出身于豪门，都有优厚的物质生活条件，每日里锦衣玉食、高枕无忧，唯一的目标就是尽情地享受生活，尽情地嬉戏玩乐，并可以逃避所有的工作和不愉快的经历，那么，一个由这些人组成的世界在彻底倒退回原始状态之前又能支撑多久呢？

正是由于人类有着那么多的欲望和追求，渴望着晋升到更高的职位，渴望着生活更加舒适幸福，渴望着接受更加高深的教育，渴望着家庭更加温馨美好，渴望着使自己变得更加学识渊博、优雅迷人，渴望着进一步拓宽自己的视野，渴望着获得更多的财富以及与之伴随的社会影响力，人们才会去为着自己心中所想而奋斗，人们的潜质才能得以充分地挖掘，人们的能力才能得以全面地开发，人们才有可能进化和发展到现在的高级阶段。这种积极向上的生活态度使得他人对我们报之以充分的信任。

有的人会因为而失去奋斗的信心，会因为失败而停滞不前，这种人是最愚蠢的。我们不要因失败而变成懦夫。当你尽了最大的努力仍然没有成功时，不要放弃自己的努力，只要开始另一个计划就行了。失败很难使人坚持下去，而成功就容易继续下去。如果工作比你想像的还难，千万要记住：你无法在天鹅绒上磨出锐利剃刀！世界上没有一样东西可以取代奋斗。只有那些停止了进步的人才会对现有的成就感到满足。

因此，我们不要因为失败而放弃奋斗，应该将失败当成自己的营养品，进而更加努力的去奋斗，从而能够取得成功。我们要将奋斗当成永恒的目标，这样，我们的路才更好走，才更便捷。

（五）做今天的自己

　　人生只有三天：昨天、今天和明天。昨天是回忆，今天是人生的中心，只有珍惜今天，做今天的自己，明天才能生活得更美好。

　　有这样一句名言：有很多事情，只有在你失去它以后才知道它的可贵。这句名言之所以能够流传到今天，是因为它说出了很多人的心里话，也触动了无数人的心灵。

　　生命中的每一瞬间，过去了将永不会再来。人生的每一次经历，都是生命中不可再得的体验，懂得珍惜自己并不是一件容易的事情，人活着、工作着、奋斗着，总是美好的事情。惟有珍惜自己，才会创造出值得珍重的珍贵日子。所以掌握今天才是人生的真谛。

　　有很多人一生中都在孜孜不倦的追求未来，他们认为自己有雄心壮志要实现，有远大的目标要完成，有很长的道路要走，所以对今天拥有的家庭的温暖，朋友的友谊，领导的关怀，师长的教诲都没能好好珍惜，等到这些都失去以后才痛心疾首地表示后悔。

　　记得古希腊著名的哲学家亚里士多德曾经讲过一个摘玉米的故事：有一个人在田地里摘玉米，当他走进田地里不久就看见一个很大很饱满的玉米，但是他觉得前面还有更好的，所以没有去捡。等到他走到田地的尽头的时候，才发现原来那个才是最好的，但是此时已经无法回头……这个故事其实是对人生的一个比喻，有很多人对于眼前拥有的东西从来没有珍惜过，他们的眼睛始终盯着更远的地方，他们渴望有更大的成就，对于眼前的很多机会却不愿意理会，到后来往往后悔莫及，这真是人生的一种悲哀。

　　记得电影《东邪西毒》里有这样一段话："每个人都会经过这样

一个阶段,当他看见一座山,就想知道山的那边是什么,当他历经千辛万苦到达山的那边后,才发现原来山的那边什么都没有,山的这边其实是最好的。"人生中往往会有这样的境遇,真是叫人无奈。聪明的人常常会十分珍惜今天所拥有的一切,做今天的自己,而不总是把眼光盯在遥远的未来,所以他们的生活是实际而充实的。当他们进入老年以后,他们不会为当年的失误而悔恨。而愚者常常把眼光盯在遥远的理想上或者为昨天的得失而耿耿于怀,他们不懂得过去的已经不可能重来,明天的幸福正是建立在今天的基础之上的,他们往往没有抓住今天,因而他们也不会得到明天。负责起草美国《独立宣言》的中心人物本杰明·富兰克林就是一位认真对待今天的人。他曾经这样说道:"今天比明天具有双倍的价值。"还有人进一步说:"总是想着明天的人是傻瓜,聪明人的做法是昨天就把一切都做好了。"

生活中的大部分人都没有活在"今天",他们不是活在"从前",就是活在"以后"。人生中许多宝贵的时刻都溜走了,因为我们的心都被过去和未来占满了。"活在今天"这个观念并不是非常深奥,却很少有人能做到。大多数人都像昏睡似的,虚度光阴,很少留心周围的事物,多数人在大部分的时间里都是不知不觉的。你如果想成为那少数有知觉的人,切记现在,你拥有的只是现在。活在今天非常重要,因为只有此时才是你真正拥有的。除了此时此刻,你别无选择。活在今天,就是要承认你得不到过去或未来的时刻。活在今天,不外乎是享有眼前的一切。

一个学禅的弟子问他的老师:"师父,什么是禅?"

师父回答道:"禅是扫地的时候扫地,吃饭的时候吃饭,睡觉的时候睡觉。"弟子说:"师父,这太简单了。"

"没错",师父说,"可是很少有人做得到。"

大部分的人很少能处于眼前的时刻,这很不幸,因为他们错失了生活中的许多机会。注意此刻，我们每一个人都做得到，并且可以从中得到好处。不论工作或休闲，创意过程中非常重要的一环就是活在现在，专注于手里的事情。有一位艺术家，他就是能够活在今天的人，他辞去了大学里的教授之职，从事心灵探索，并且追求个人成长。他说没有工作的生活对他而言一点难处都没有，他只是在"掌握此刻"，从而活在今天，做今天的自己。掌握此刻对于享受创意的人生是很重要的。创意品质的优劣要看你能不能完全投入活动之中。只有如此，你才会从所做的事情当中得到充分的快意与满足。

常常一个人听到一首老歌，看到一篇自己原来看过的文章，大脑中总会有种相识的回忆，那模糊的画面，没有剧情，只有美好而已，也会有几分幸福。也许自己的回忆只是很佩服一个老友夸张的动作，疯狂的想法，什么事都是那么的激情四射，那种感染是由外至内的；也许自己的回忆只是常常一个人早起，在操场疯狂跑几圈的激情；一个人慢悠悠的往学校赶，内心从容因为自己不会迟到，路上看到美女也会假装淡定……

这是为什么呢？美好的回忆总不会是现在，现在想的太多，抱怨的太多，唯有做的太少。我们需要生活在今天的方格里，没有昨天，没有明天，只有今天而已。做好今天要做的事，何必在意昨天，担心明天。你只活在今天，昨天的你死了，明天的你还没有出生，你只做今天的自己。最重要的是，不要去看远处模糊的，而要去做手边清楚的事。

但是你怎么去做好今天呢，有首诗叫《只要一步就足够》，其中一段是：

仁慈的灯光请指引我前行，照亮我的步履，不求看清远方的风景，只要一步就好了。

只要一步就好，一个沙漏一次只能漏下一粒沙，一个人一次只能做一件事，所以一次一粒沙，一次一件事。活在今天的方格中，不要为明天忧虑，一次一件事，每天都是新的一天，每天都是美好的一天，每天早起你都要对自己说"做今天的自己"。

每天每次出发，请你问一问自己以下的问题，并写下答案：

1. 我是否逃避眼前的生活，情愿担心未来，或者只是奢望所谓的"遥远奇妙的玫瑰园"？

2. 我是不是常为往事后悔，让今天过得更难受？

3. 我早晨起来的时候，是否决定"把握今天"，将今天发挥得淋漓尽致？

4. "活在今天的方格中"是否有助于我生活得更幸福？

5. 我应该何时开始呢？是下星期？明天？还是今天？

(六) 铸就辉煌每一天

大多数人认为我们的生活就是时间的堆积，认为人生就是一次随意的旅行，每到一处就去寻找这里的栖息之所，并采用适当的方法来解决自己面临的困难。

篮球界的传奇人物约翰·伍登的父亲告诉他："你要铸就每一天的辉煌。"这样的教导给了约翰·伍登一个很大的教训：生活就在眼前，生活的质量在于每一天的质量。

人们的生活就是在日出日落之间来进行的。如果能够把每一天作为自己施展才能、学习上进的舞台，那么每一天你都会面临着一场考试。究竟这场考试是通过了还是没有通过，完全决定于你的答卷，而你的答卷就是你在一天当中的表现。所以每天进行反省，在反省中不断提高是一种很科学的自省方式，也是自己强迫自己、自己要求自己实现人生价值的方式。

其他的教练总是试图将队员们的最佳状态调整到未来的重大比赛中，而伍登却总是着眼于今天。对于他来说，每一场训练都和冠军争夺战一样重要。在他的人生哲学中，没有理由不把今天创造成为人生中最辉煌的一天。同样没有理由在训练中不如在比赛中刻苦。他想让所有的队员在每天晚上睡觉时都能这样想："今天的我是最棒的。"

但是大多数人并不这样做。如果有人问，是否能够把今天作为评判我们一生的标准，多数人会尖叫着反驳："绝对不能！今天的感觉不好，给我一两年时间，会有那么一天，这一点我能肯定，那一天一定能用来代表我的一生。"

拿破仑·希尔对年轻朋友发表演讲时，总要对那些寄希望于明天的朋友说："所谓'美好的古老时光'就是今天，因为这才是我们生活的日子，也是我们在历史上唯一生存的一段时间。这是属于我们的时代，我不曾向你们描绘美好的一面，也不曾向你们诉说悲惨的一面。我不会向你们灌输过度的乐观思想，只是要告诉你们，生活中的变化是无法避免的"。

毛泽东曾经教导青少年要"好好学习，天天向上。"好好学习，对于大多数精神比较集中的人来讲，应该都可以做得到；但是做到天天向上。因为"天天向上"的本身就有一种比较，意味着每一天都要进行深刻反思，每一天都要有所超越，做到天天充实，天天为自己营造辉煌。就算在你休闲的时候，在你放松的时候，你仍能够过得充实而愉快，就可以做到营造自己每一天的辉煌。

人们往往是宁愿沉浸在对昨天的拼命追忆和对明天的无限憧憬之中，而常常漠视"今天"的存在，但实际上今天又是最容易失去的。人们或许都曾在钱钟书先生描绘的"围城"内外思进想出。在多数情况下，经过几番折腾，你就会大彻大悟，懂得甘苦与艰辛，明白珍惜与留恋。然而，失去的爱情可以追回，荒废的事业可以重振，创伤的心灵可以抚平？唯有时光不能倒流，过去的会永远成为过去，今天会不断地沦为昨天。

时间随着时代的进步，愈来愈重要了。因为它十分宝贵，同时不能积压。假使把今天的时间虚度过去，那么就永远失去了这个日子。你应该记住，它就是昨天我们想做各种事情的"明天"。昨天是一张已经注销的支票，明天只是一张期票，只有今天才是手上的现金。今天是我们唯一能利用的时间，去善加利用吧。过去的已经过去，不要再去管它；将来则还没有到来，也不要去管它；重要的是现在，正在一分一秒地走过。只要你把握住了现在，那么所有的时间都将被充分地利用，一点一滴也没有浪费掉。一位前人是这样讲的："无限的过去都以现在为归宿，无限的未来都以现在为渊源，在过去与未来的中间，全仰仗有现在，以成为连续，以成为永远，以成为无始无终的大实在。"

有句话说得好：每一天都是新的一天。其实，我们生活的每一天都将是不同的一天，我们都要尽最大的努力去铸就今天的辉煌。

（七）不放弃　就永远有成功的希望

"有志者，事竟成"。自古以来就是千千万万个渴望成功者的座右铭。这句话鼓励每一个人，不论天资如何，只要有志气，不管多困难的事，也能办成，并有所作为。有很多人都懂得这个道理，但是在实践的过程中，却常常在最后最艰难的时候放弃了原来的理想，从而"功亏一篑"。

有些人一遇到挫折就轻易地放弃，结果往往是在距离金子三英寸的地方停了下来。很多人跑百米竞赛的时候，在99米的时候放弃，因为他们不了解成功的秘诀。就像一个刚学走路的婴儿一样，他一定重心不稳、会跌倒，然而，只要你让他继续尝试，无论摔多少次，只要他是正常宝宝，他都一定能学会走路。

中国有一句名言是：行百里者半九十。就是说一项工作在完成了90%的时候，只是完成了一半，此时绝对不能够掉以轻心，而应该还像以前一样集中精力完成最后的工作，也就是说要善始善终。日本也有一位著名的作家芥川龙之介说过："一百步的一半是九十九步，这是一个超数学，当代人不明白这个道理，所以总是低毁天才；后代人不明白这个道理，所以总是在天才面前焚香。"由此可见，一项工作的最后阶段才是最关键的，在最后关头，绝不能轻言放弃，因为这样等于否定了自己以前所有的工作。聪明的人不会在关键时刻放弃努力，也不会轻易放弃一项工作。

想要成功就不能放弃，放弃就一定不会成功。不管你做什么事情，只要你选对了行业，只要你是真正渴望达成那个目标，只要能够坚持到底，你的梦想一定会成真。

众所周知，第二次世界大战时期的英国首相丘吉尔是一个著名的演讲家。他生命中的最后一次演讲是在一所大学的毕业典礼上，这也许是世界演讲史上最简单的一次演讲。不知是当时的丘吉尔太过年迈，还是他将人生的最大体会进行了浓缩，在整个20分钟的演讲过程中，他只讲了一句话，而且这句话的内容还是重复的，那就是：

"永不放弃……决不……决不……决不！"

当时台下的学生们都被他这句简单而有力的话深深地震撼住

了。人们清楚地记得，在第二次世界大战最惨烈的时候，如果不凭借着这样一种精神去激励英国人民奋勇抗敌，大不列颠可能早已变成纳粹铁蹄下的一片焦土。丘吉尔在用他一生的成功经验告诉我们：成功的秘诀是坚持到底永不放弃；不放弃就一定有成功的希望。

有一个美国人很令我敬佩，这是他的生平：

21 岁失业；

22 岁角逐州议员落选；

24 岁生意失败；

26 岁妻子逝世；

27 岁精神崩溃；

34 岁角逐联邦众议员落选；

36 岁角逐联邦众议员再度落选；

45 岁角逐联邦参议员落选；

47 岁提名副总统落选；

49 岁角逐联邦参议员再度落选；

51 岁当选美国总统。

经过 30 余年不断的努力，永不放弃的信念和态度，令他在 50 多岁当选为美国第十六任总统。他就是最受美国人敬仰的美国前总统林肯。

不放弃，就一定会有成功的希望。是的，成功其实很简单，就是不放弃，坚持到底。

（八）逆境中的成功萌芽

当谈及他的手下猛将马塞纳时，拿破仑这样说道：在平时他的真面目是显示不出来的，但是当他在战场上见到遍地的伤兵和尸体时，他内在的"狮性"就会突然发作起来，他打起仗来就会像恶魔一样勇敢。为什么会这样呢？因为人类有几种本性只有在遭到巨大的打击和刺激时，才会爆发出来。当人们受了讥讽、凌辱、欺侮以后，便会爆发，做从前所不能做的事。人们的某些潜能只有在逆境中才会被淋漓尽致地激发出来。

俗话说，时势造英雄。在人类历史上，逆境曾经造就了许多伟人。年轻时没有遇到过的窘迫、绝望，使拿破仑变得如此多谋、如此镇定、如此刚勇。胯下之辱则成就了一代名将韩信，巨大的危机和事变往往是爆发出许多伟人的火药。

曾经有个成功的商人说过，他在自己一生中所获得的每一个成功，都是与艰难苦斗的结果，所以，他现在对那些不费力而得来的成功，反倒觉得有些靠不住。他觉得，经过千辛万苦而得来的成功才是完全意义上的成功。这个商人喜欢做艰难的事情，艰难的事情可以试验他的力量，考验他的才干；他反而不喜欢容易的事情，因为不费吹灰之力就能到手的果实会埋葬他的才能。

我们要身处绝境而求生。逆境最能激发人潜伏着的内在力量；如果林肯是生长在一个庄园里，进过大学，他也许永远不会做到美国总统，也永远不会成为历史上的伟人。因为一个人如果处在安逸舒适的生活中，便不需要自己的努力，不需要自己的个人奋斗。这就是人们常说的安逸养懒汉。林肯之伟大，就在于他不断地与逆境苦斗。当巨大的压力、非常的变故和重大责任压在一个人身上时，隐伏在他生命最深处的种种能力，才会突然涌现出来，而能够无坚不克地做出种种大事来。

古今中外很多成功人士都把自己的成就与逆境联系起来。如果没有逆境的刺激，他们也许只会发掘出他们25％的才能，但一遇到逆境的刺激，他们便会把其它 75% 的才能也开发出来。

失败是考验一个人的试金石。在一个人除了自己的生命之外，一切都已丧失的情况下，内在的力量到底还有多少？没有勇气继续奋斗的人，他所有的能力会全部消失。而毫无畏惧、勇往直前、永不放弃人生责任的人，会在自己的生命里有伟大的进展。所以，要测验一个人的品格，最好是看他失败以后怎样行动。失败以后，能否激发他更多的计谋与新的智慧，能否激发他潜在的力量，是增加了他的决断力，还是使他心灰意冷。那些能经受住失败考验的人必然能够走到成功的彼岸。

爱默生曾经说过："伟大高贵人物最明显的标识，就是他坚定的意志，不管环境变化到何种地步，他的初衷与希望，仍然不会有丝毫的改变，而终至克服障碍，达到所企望的目的。"

"跌倒了爬起来，再跌倒再爬起来，在失败中求胜利。"成功者以自己的奋斗史印证了一个道理：跌倒不算失败，跌倒了站不起来，才是失败。

也许你会持这么一种态度：既然已经失败多次了，所以再试也是徒劳无益。这种想法真是太叫人失望了！永不屈服的人，就没有所谓的失败。无论成功多么遥远，失败的次数多么多，最后的胜利仍然在他的期待之中。狄更斯在他小说里讲到一个守财奴斯克鲁奇，最初是个爱财如命、一毛不拔、残酷无情的家伙，他甚至把全副的精神都钻在钱眼里。可是到了晚年，他竟然变成一个慷慨的慈善家、一个宽宏大量的人、一个真诚爱人的人。狄更斯的这部小说并非完全虚构，世界上真有这样的事。人的根性都可以由恶劣变为善良，人的事业又何尝不能由失败变为成功呢？现实生活中，如果你真想成功的话，就必须有着不屈不挠的品质，勇往直前。

　　世界上有许多富有者，虽然已经丧失了他们所拥有的一切东西，然而还不能把他们叫做失败者，因为他们仍然有着不可屈服的意志，有着坚韧不拔的精神。

　　温特·菲力说："逆境，是走上更高地位的开始。"许多人所以获得最后的胜利，只是受恩于他们的屡败屡战。没有遇见过大失败的人，有时反而不知道什么是大胜利！

第五章 变换角度 摆脱枷锁

（一）成功需要创造性思维

比尔·盖茨是一位旷世奇才。他白手起家，创造了连续多年排名世界第一的微软公司；他又是一位卓越的发明家，对电脑软件的更新换代做出了卓越的贡献。当有人问到他成功之诀窍时，他直截了当地说："离开哈佛大学而一心从事微软公司的发展，是我事业成功的关键所在。"原来，盖茨在中学时已经从事电脑软件开发工作，进入哈佛后就开创了微软公司，他知道鱼与熊掌不可兼得，他必须在继续求学和发展微软公司中放弃一个，结果他选择了辍学。这是他用创造性思维来展望未来的一次关键性的成功。

盖茨是一位人类历史上少有的一帆风顺的企业家。他常对人说："我的特点是善于开发创造性思维，我用人的原则是看他能不能发掘潜在的创造力。每次我在面试求职者时总要问一些使他们为之瞠目结舌的问题，如你怎样才能使微软更上一层楼，你有没有开发太空的计划，或者是如果你在非洲丛林中面对面遇到了一头狮子，你将怎么办。我认为凡是能胡思乱想天马行空想出些新点子的人，都是富有创造性思维的人。"

思维是人类区别于其他动物的最根本的特征，恩格斯称其是"地球上最美丽的花朵"。而创造性思维则是人类所特有的最高级、最复杂的精神活动，是"地球上最美丽的花朵"中的奇葩。千百年来人类凭借创造性思维不断地认识世界和利用世界，创造出了数不胜数的物质文明和精神文明成果。记得一位诺贝尔奖获得者曾经说过："科学史上的每一项重大突破，总是某些杰出的科学家完成最关键或最后一步的，他们之所以超过前人和同时代人做出划时代的贡献，并不在于他们比别人的知识更渊博，重要的在于他们富于科学革命精神和高度的创造性思维。"

创造性思维是将来人类的主要活动方式和内容。历史上曾经发生过的工业革命没有完全把人从体力劳动中解放出来，目前世界范围内的新技术革命则带来了生产的变革，全面的自动化把人从机械劳动和机器中解放出来，从事着控制信息、编制程序的脑力劳动，而人工智能技术的推广和应用，使人所从事的一些简单的、具有一定逻辑规则的思维活动，可以交给"人工智能"去完成，从而又部分地把人从简单脑力劳动中解放出来。这样，人将有充分的精力把自己的知识、智力用于创造性的思维活动，把人类的文明推向一个新的高度。

创造性思维是人类的高级心理活动。创造性思维是政治家、教育家、科学家、艺术家等各种出类拔萃的人才所必须具备的基本素质。心理学认为：创造思维是指思维不仅能提示客观事物的本质及内在联系，而且能在此基础上产生新颖的、具有社会价值的前所未有的思维成果。社会中各类成功人士都需要有创造新思维。

创造性思维是在一般思维的基础上发展起来的，它是后天培养与训练的结果。卓别林为此说过一句耐人寻味的话："和拉提琴或弹钢琴相似，思考也是需要每天练习的。"因此，我们可以运用心理上的"自我调解"，有意识地从以下几个方面培养自己的创造性思维：

1. 培养发散思维

所谓发散思维，是指倘若一个问题可能有多种答案，那就以这个问题为中心，思考的方向往外散发，找出适当的答案越多越好，而不是只找一个正确的答案。人在这种思维中，可左冲右突，在所适合的各种答案中充分表现出思维的创造性成分。1979 年诺贝尔物理学奖金获得者、美国科学家格拉肖说："涉猎多方面的学问可以开阔思路……对世界或人类社会的事物形象掌握得越多，越有助于抽象思维。"比如我们思考"砖头有多少种用途"。我们至少有以下各式各样的答案：造房子、砌院墙、铺路、刹住停在斜坡的车辆、作锤子、压纸张、代尺划线、垫东西、搏斗的武器……如此等等。

2. 发展直觉思维

所谓直觉思维是指不经过一步一步分析而突如其来的领悟或理解。达尔文在观察到植物幼苗的顶端向太阳照射的方向弯曲现象时，就想到了它是幼苗的顶端因含有某种物质，在光照下跑向背光一侧的缘故。但在他有生之年未能证明这是一种什么物质。后来经过许多科学的反复研究，终于在 1933 年找到了这种物质：植物生长素。

因此很多心理学家认为直觉思维是创造性思维活跃的一种表现，它既是发明创造的先导，也是百思不解之后突然获得的硕果，在创造发明的过程中具有重要的地位。

3. 培养思维的流畅性、灵活性和独创性

流畅性、灵活性、独创性是创造力的三个因素。流畅性是针对刺

激能很流畅地作出反应的能力。灵活性是指随机应变的能力。独创性是指对刺激作出不寻常的反应，具有新奇的成分。这三性是建筑在广泛的知识的基础之上的。20 世纪 60 年代美国心理学家曾采用所谓急骤的联想或暴风雨式的联想的方法来训练大学生们思维的流畅性。训练时，要求学生像夏天的暴风雨一样，迅速地抛出一些观念，不容迟疑，也不要考试质量的好坏，或数量的多少，评价在结束后进行。速度愈快表示愈流畅，讲得越多表示流畅性越高。这种自由联想与迅速反应的训练，对于思维来说，无论是质量，还是流畅性，都有很大的帮助，可促进创造思维的发展。

4. 培养强烈的求知欲

人的欲求感总是在需要的基础上产生的。没有精神上的需要，就没有求知欲。强烈的求知欲能够使我们更加渴望的拥有某种东西，从而会让我们积极主动的去探寻，而不是被动接受。这样一来，就不仅能获得现有的知识和技能，而且还能进一步探索未知的新境界，发现未掌握的新知识，甚至创造前所未有的新见解、新事物，从而获得成功。

在当今世界，经济飞速发展，科技文化日新月异，主要源于各个领域的创造性。从宏观上讲，创造性是社会进步的动力之一；从微观上讲，创造性是衡量一个人才华高低、能力大小的尺度。成功离不开创造性思维，有了创造性思维，我们才能更加轻松的踏进成功之门。

（二）激发自己的"新思想"

成功的关键在于创造性思维，而创造最重要的前提就是"产生新思想"。

美国史密森尼安天文物理研究所出版的星象目录中，列了 25 万颗星星，还没有正式命名。于是加州出现了一个"星象命名公司"，在全国大登广告：星星出售——你现在可以给一颗星命你自己的名字或你爱人的名字！最选登记的 25 万幸运者将变成不朽……你的星星和它的新名字，将永远注册于国会图书馆。每颗星：25 美金。很多人看了这广告，但不想花 25 美金，就直接打电话给史密森尼安天文物理研究所，询问是否可免费把自己的名字安在星星上。这研究所和哈佛天文观测所是美国权威的天文研究机构，他们除了把测得的星象编号整理并出版目录，并不为星象命名。他们对这商业的噱头当然啼笑皆非，不以为然。其实肉眼看得见的星星很早已有了传统名字，比如晚上最亮的一颗星，一直叫做施瑞斯，或"狗星"。其他多半的名字，也一点都不罗曼蒂克。有一颗星，名字译出来叫："马脐眼"；另有一颗译名是："中间那个膈肢窝"。这都不成问题。卖星星公司专门出售肉眼看不见、只有编号还没命名的星星。25 元可以买一张星座图，指出你买的那颗星的位置，并且还有一份正式登记证。

他们怎么扯上国会图书馆的呢？原来他们把史密森尼安目录的星星编号印在空页上，每填满一页名字（大约 100 个），就把它送到国会图书馆去登记版权。显然这是发财的好主意。加拿大多伦多出现了一家同性质的公司，要价也是每颗星 25 元。他们还把新命的名字制成显微胶片，"永远"存在瑞士和多伦多的保险库里。这公司的老板商请约克大学一个教授写一本书，把新命的名字附在其中，那书将会登记版权，于是他们也可以宣称"在国会图书馆永远注册"了。

25 元就能使自己的名字不朽于宇宙间，我们从来还没听过更廉价的买卖，难怪人们要趋之若鹜。发财致富其实就这么简单。其实，我们如果能够从一件事情中激发出自己新思想，那么我们会发现，成功其实就在你的脚下。

那么，怎么才能"产生新思想"呢？只要你依循下面的步骤，就一定能产生新思想。

第一步，最初的观念：你有一个问题要解决或有一件事要做；你想找一个更好的工作；你的房子需要重新装饰一下；你想把你们公司里的废料做成有用的副产品等等。这些都属于最初的观念。

第二步，准备阶段：现在你要调查一下发展这个处在萌芽状态的观念的所有可能的方法。尽可能多地收集有关那方面的资料，阅读有关书籍，记笔记，和别人交谈，提出问题。要善于接受新东西。这些都是开动我们想象力的跳板。

第三步，酝酿阶段：这一阶段应该让你的潜意识活动起来。散散步，睡个午觉，洗个澡，做做其他的工作或消遣消遣，把问题留到以后再解决。如作家埃德娜·弗伯一次说过的："一个故事，要在它自己的汁液里慢慢炖上几个月甚至几年，才能成熟。"

第四步，开窍阶段：这是产生过程的最高阶段。脑子一下子明亮起来，一切东西都突然变得井井有条。查尔斯·达尔文一直在为进化理论收集材料，然后有一天，当他坐在马车里旅行时，这些材料都突然一下子融为一体了。达尔文写道："当解决问题的思想令人愉快地跳进我脑子里的时候，我的马车驶过的那块地方我还记得清清楚楚。"开窍是产生"新思想"过程中最令人兴奋和愉快的阶段。

第五步，核实阶段：不管你的见识多么高明，但开窍时得到的启示可能是根本靠不住的。这时便要发挥理智和判断的作用。你的预感或灵感都要经过逻辑推理加以肯定或否定。你要回过来尽可能客观地看待你的设想。你征求别人的意见，对这出色的设想加以修正，使之趋于完善。经过核实，你往往会得出更新更好的见解。

生活中，我们时时刻刻都能够激发自己的"新思想"。新思想一旦被激发出来，我们迈向成功的脚步就会加快，成功之门便会向我们打开。

（三）张开想象的翅膀

想像力是人类进步的动力，它能够将人类所有的以知识为基础的思维灵感都置于你的运用之中，让你在现实的基础上借助活跃的想像力来创造未来。爱因斯坦说过：想像力比知识更重要，因为知识是有限的，而想像力概括着世界上的一切，推动着进步，并且是知识化的源泉。想象的本质是一种对客观事物的准确把握和精彩表现，是在已有的表象基础上创造新形象的心理过程。想象，尤其是创造想象是一种严格的构思过程，它受到思维的控制、调节和支配。创造想象是形象思维在创造活动中的主要表现。创造性思维和想象是有机统一的。

古往今来，那些有成就的发明家，他们的创新行为都离不开大胆的想象。鲁班因手指被有齿的茅草拉开，想象：若把铁片也弄成像茅草上那样一排小齿用来锯树，不比用斧头砍更好吗？经实践，他发明了锯。人们看到蜻蜓架着大翅膀在天上飞，就想象创造出了飞机，实现了人也能飞上天的夙愿。是想象力让人类拥有了创造新思维，并开始创新，从而使人类步入文明阶段。

心理学家指出，想象的方法有三类，即逻辑想象、批判想象、创造性想象等。拿破仑·希尔认为，这三类想象的单独或综合运用，都可能提供通往成功的正确途径。

1. "逻辑想象" 与成功

即借助逻辑上的变换，从已知推出未知，从现在推出将来。著名的诗句"冬天已经到了，春天还会远吗"就是典型的逻辑想象。

逻辑想象的运用，在经营中不乏实例。汉斯是个德国农民，他因爱动脑筋，常常花费比别人更少的力气，而获得更大的收益。当地人都说他是个聪明人。到了土豆收获季节，德国农民就进入了最繁忙的工作时期。他们不仅要把土豆从地里收回来，而且还要把它运送到附近的城里去卖。为了卖个好价钱，大家都要先把土豆按个头分成大、中、小三类。这样做，劳动量实在太大了，每人都只有起早摸黑地干，希望能快点把土豆运到城里赶早上市。汉斯一家就与众不同，他们根本不做分捡土豆的工作，而是直接把土豆装进麻袋里运走。汉斯一家"偷懒"的结果是，他家的土豆总是最早上市，因此每次他赚的钱自然比别家的多。

原来，汉斯每次向城里送土豆时，没有开车走一般人都经过的平坦公路，而是载着装土豆的麻袋跑一条颠簸不平的山路。二英里路程下来，因车子的不断颠簸，小的土豆就落到麻袋的最底部，而大的自然留在了上面。卖时仍然是大小能够分开。由于节省了时间，汉斯的土豆上市最早，价钱自然就能卖得理想了。

农民汉斯这种巧妙利用自然条件进行逻辑想象的方法，看起来并不惊天动地，但却能开启我们的大脑。如果你具有这样的逻辑想象能力，就可以在自己的成功过程中做得更好。

同样是运用逻辑想象力，日本明治糕点公司却更为巧妙。

一天，该公司在东京各大报纸同时刊出了一份"致歉声明"，大意是说，因操作疏忽，最近一批巧克力豆中的碳酸钙含量超出了规定标准，请购买者向销货点退货，公司将统一收回处理，特表歉意云云。声明刊出以后，人们对该公司认真负责的精神大加赞赏。其实，该公司早就预见到碳酸钙多一点对人体并无多大的影响，不会有多少人为此区区小事专门跑路去要求退货，但这种兴师动众的宣传，却可以使明治公司声名鹊起，给顾客留下良好印象。

这实在是一种十分微妙的广告策划，确实从此以后，顾客更愿意购买明治公司的商品了。

在市场营销及广告策划中，巧妙地运用逻辑想象，不仅可以产生非凡的宣传效果，拓展市场，有时还可以缓解营销者与消费者之间的矛盾，提高自己的信誉。

2．"批判想象"与成功

批判想象就是寻找某些不完善、需要改变的东西，在此基础上进行想象构思。时代的变迁，社会的发展，往往会给原来本已完善的东西留出进一步完善的余地。在这个空档上，借用批判的想象，对选准项目、确定自身的市场优势、开拓更大的市场，都能产生巨大的作用。

市场上出现的摔不碎的瓷器，便是借用"批判想象"的"产物"。在日常生活中，人们常常失手摔碎家什（当然包括瓷制品），更有不少人借助摔盘砸碗来发泄心中的怨气。法国一个瓷器制造商通过批判性想象，别出心裁生产了一批供人们摔砸的瓷壶、瓷杯、瓷碗。这种器皿式样新颖、价格低廉，并在广告上宣称："不必烦恼，无须压抑怒气！夫妻吵架，乱砸器皿是心情缓解最有效的方法，为了家庭和睦幸福，使劲摔吧！劝君莫吝惜！"这种借助批判想象产生的奇怪产品，加上独特的广告语，引起了不少人的兴趣，从而使得生意兴隆，财源滚滚。

3．"创造性想象"与成功

创造性想象可以使人产生全新的想法，它可能是现实世界中暂时还没有某个事物的形象，但现实生活仍是其产生依据。所以拿破仑·希尔一语道破零与亿间的天机，那就是"一切的成就，一切的财富，都始于一个意念"。

那么意念从何而来呢？拿破仑·希尔解释说："它是创造性想象力的产品"。

关于创造性想象力导致意念的产生，以及在心理创富中所扮演的"角色"的例证，全球家喻户晓的风行饮品——可口可乐的产生，极具说服力。

大约100年前的一天，一个年老的乡村医生驾着他自己的马车到一个小镇，他悄悄溜进那家他常去购药的药房，与一个年轻的药剂师作了一桩并不惊人的买卖：老医生和药剂师谈了足有一个钟头。后来，年轻的药剂师跟随医生来到马车上，取回了一个老式铜壶和一片用来搅动壶里东西的木制橹状的木板。年轻的药剂师检查那只老铜壶后，一次性付给乡村医生500美元。

随后，老医生才交给年轻药剂师一张写着秘密配方的小纸片。

铜壶里装着一种可以令人生津止渴的特殊饮品，而它的配方就写在那张小小的旧纸上。这制作配方是那个乡村老医生的创意——想象力的产品。年轻药剂师的信心使他倾其500美元的积蓄将此创意买了下来。我们无法肯定那个乡村医生的配方有多神奇，也难以确定这个年轻的药剂师对这个配方进行了多大程度的修改。

总之，这个叫爱撒·肯特拉的年轻药剂师，将一种秘密成分加入老医生的秘方中后，确实生产出了一种畅销全球的美妙饮品——可口可乐。

如今，"老医生"和爱撒·肯特拉这个极富想象力的创意，为他自己和数百万人带来了源源不断的巨大财富。

可口可乐是一个"想象力导致成功"的实例。"无论你是谁，不管你住在地球的什么地方，不论你从事什么职业，你以后一定要记住，每次看到'可口可乐'这四个字，就应想到它是由一个单纯的创意造出来的。爱撒·肯特拉加进那铜壶的那个秘密成分，就是想象力的结晶!"创造了无数成功人士的成功学祖师拿破仑·希尔，这样肯定地提醒人们。

如何张开你想象的翅膀呢?

1. 扩大知识面，丰富信息储备

丰富的想象力是以丰富的知识和经验为基础的，也是以记忆为基础的。而一切科学的创造、技术上的革新和艺术上的创作，都是在丰富的知识经验的基础上，通过创造性想象而取得成功的。一个人知识和经验的多少，信息储备的多少，对于想象的广度和深度有着重要的影响。

2. 保持好奇心，丰富情感

好奇心是发挥想象力的起点，因此要提倡科学的怀疑精神，遇事多问几个为什么，使自己大脑的想象功能在思考中升腾。而要使大脑的想象奔驰起来，还要保持丰富的情感。情感可以刺激想象。而悲观失望的情绪不能使大脑高度兴奋和活跃起来，想象力自然也不会高度发挥出来。

3. 扩张联想、富于幻想

想象从广义上讲，是联想和幻想。所谓联想，决不是简单的思考，而是许多思考的联结和扩张。常常表现为由表及里、由此及彼的顿悟。一个人如果不善于联想，那么他就不会举一反三、触类旁通，就不可能产生认识上的飞跃。人才成功的事实表明，他们往往能抓住生活中的偶发事件，产生丰富的联想，构筑鸿篇巨著和提出科学假说、技术发明等。列夫·托尔斯泰的《安娜·卡列尼娜》是起于一件女子卧轨的新闻事件；笛福的《鲁滨逊飘流记》是听了被船长遗弃到荒岛上四年的落难海员的故事。魏格纳从世界挂图到创造大陆飘移说，贝尔从吉他声到改装电话机等。这些联想的力量，该是何等的惊人。所谓幻想，是由个人愿望或社会的需要引起的指向未来的特殊想象。幻想比联想距现实客体虽然远一步，但它是更高一级的思考。没有幻想，就没有科学的假说，没有科学的假说，也就没有科学的发现和发展。比如，原子结构的模式，试管婴儿的诞生等，又何尝不是在幻想功能的作用下所产生的呢。

想象力是灵魂的工场，也是成功的"核反应堆"。它可以给你带来一个成功的目标，让世界上许多事物向你展示出新奇的面目，促使你以坚定的信念，去加以实现。让我们张开想象的翅膀展翅飞翔。

（四）换个角度，你就是赢者

有这样一个故事：一群兴致勃勃的人在登山的路上，遇到了从山上下来的满身疲惫的人。于是，登山的问下山的说，怎么样？山上有什么好玩的吗？下山的满脸失望地说，没有，什么也没有，只是一座破庙……如果你是登山的，听到这些话，就停滞不前，满心失望。请问你这次旅途愉快吗？不，一点都不愉快！这个时候，你只有给自己一个微笑，给自己一次机会，自己爬上去看个究竟，也许，你会从中发现一些新的东西……

伟大的发明家爱迪生，在研究了 8000 多种不适合做灯丝的材料后，有人问他：你已经失败了 8000 多次，还继续研究有什么用？爱迪生说，我从来都没有失败过，相反，我发现了 8000 多种不适合做灯丝的材料……换一个角度思考，问题就截然不同了。有时候，能从失败中走出来也是一种成功，如果你整天沉浸在失败的痛苦之中，那么你永远无法成功……

任何问题都有多个思考角度。当我们遇到了难题，没必要一条路走到底，直至走进死胡同。如果能适时停下来，转换思考的角度，很可能会柳暗花明，使难题解决显现曙光。就像爱迪生，换个角度去考虑这 8000 多次失败，从而懂得了很多，让他成功发明了电灯。

作为年轻一代，我们既不能轻易放弃一个可能行得通的途径，也不应墨守成规，要尽可能从多个不同的角度来推想。有些问题，我们可能绞尽脑汁也想不明白，但若冷静下来，调整一下思考的角度，就可能茅塞顿开。找不到解决问题的突破口，通常不是因为问题太难，而是因为思考的角度不对。

生活中，有些问题无法用常规的办法解决，这时候不妨从相反的角度来思考问题，找出解决问题的办法。

我想大家都知道李开复。在李开复的人生历程中，他曾遇到过失意和沮丧，每当这时他都会鼓励自己从不同的角度看待问题，他曾说："用勇气改变可以改变的事情，用胸怀接受不能改变的事情。"其实，这就是一种思考问题角度的变化。如果我们年轻人能够做到这一点，相信生命中的失意和沮丧会少很多。

在看到问题的时候，很多年轻人受限于惯性思维，这对正确地思考问题是不利的。有这样一个有趣的故事：

长者问一个年轻人："有两个人同时掉进了高大的烟囱，一个满身脏兮兮的，一个相对干净，谁会去洗身子呢？"

年轻人不假思索地说："当然是全身脏兮兮的那个人！"

长者说："你错了！全身脏兮兮的人看着很干净的人想：我身上一定也是干净的。很干净的人看着全身脏兮兮的人想：我身上一定也是脏兮兮的。所以，身上很干净的人会先去洗身子！"

长者接着问："他们后来又从高大的烟囱掉下去，谁会先去洗身子呢？"

年轻人赶忙回答："那个很干净的人！"

长者说："你又错了！很干净的人上次在洗澡时，发现自己并不脏；而那个满身脏的人则相反。他明白了那位干净的人为何要洗澡，所以这次他首先跑去洗澡了。"

长者再问："第三次他们又从烟囱掉下去，谁会去洗澡呢？"

年轻人说："那个全身脏兮兮的人会去洗澡。"

长者说："你还是错的！两个人掉进同一个烟囱里，怎么会一个全身干净，而另外一个全身脏呢？"

的确，要想把问题看清看透，就要另辟蹊径。当你思考时，不妨"避开大路，潜入小径"，换一个角度思考，也许你就是赢者。

同样，当你遇到不如意的事情时，也可以转换思维的角度，比如，你上班迟到了，领导扣你的钱。从不好的方面讲，你的钱被扣了，可从好的方面来讲，你可能因此改掉了迟到的毛病。当你把眼光转向其他方向，把思考的角度转向其他方位时，你就进入了一片未被开垦的领域，而在这片领域里耕耘，或许开始时的收获还不够多，但却有无限的发展前途。

成功者最大的秘诀在于，他总是用不同常人的视角，审视生活中的何一个细节，使自己的分析、判断、解决问题的能力达到非常人所及的高度。在人生的旅途中，没有人能一帆风顺。人生的起起落落、浮浮沉沉是难免的。对不同的生活际遇，我们应以乐观、豁达的态度来看待。得意时，淡然处之；失意时，泰然处之。有时候换个角度看，你会发现，人生原有另一番滋味，另一道风景。如果我们每个人都能换个角度看事物、看人生，我相信，人与人之间不会有更多的恩恩怨怨，整个社会将会更加和谐！

（五）　用智慧开辟捷径

人类之所以被称为社会化的动物，那是因为人类可以用高度的智慧，共建精神文明、物质文明。

智慧是对事物能迅速、灵活、正确地理解和解决的能力。智慧是人们生活实际的基础，特别是在现代社会中，没有现代人智慧，就无法在现代社会中生存。

一个人想得好是聪明，计划得的好是更聪明，做得好是最聪明。聪明，只是智慧的运用。

一个人的智慧是神奇的。智慧能改变自己，能改变他人，能改变万物，能改变大地，能使世界产生神妙的奇观，能使人类的文明、文化产生日新月异的进步。所有的历史文化，所有的伟大人物，无一不是智慧的产物，无一不是智慧的结晶。我们需要用智慧去开拓成功的捷径。

《宋史》里讲了一个故事：

宗泽是英勇威武的战将。北宋末年，金兵大举入侵中原，宗泽率军奋起抵杭，屡挫金兵。宗泽手下有一员赫赫神威的将士，他就是岳飞。宗泽很赏识岳飞，经常指导他、点拨他，希望有一天岳飞能够成就伟大的功业。

　　有一天，宗泽忠告岳飞说："岳飞，你有过人的勇气和出众的才华，这是许多人都望尘莫及的，这也是你值得骄傲的地方。但是有一点我要特别提醒你，那就是你十分喜好野战。你不喜欢战前做好周密的战略布署，而只是凭直觉掌握战机，这不是万全之策呀！"宗泽说着，又拿出一些布阵图给岳飞看。

　　岳飞聪颖，加上年轻气盛，并不理会该图的作用，而是说："您的教海很中肯，布完阵后再战是从军打仗的常用战术，不失为上等作战方法。但是，战略战术的运用，完全在于将领的一念之间。"岳飞的意思很明确：战术有其固定的形式，但并不是说照搬照抄就能赢得战争，必须把它们用足、用活。如何用足、用活，这在于指挥官的智慧了。

　　听了岳飞的话，宗泽深深地感到岳飞是位天才军事家，他决不是纸上谈兵、机械教条的普通军官。因而他对岳飞更加器重。不久，宗泽在一次战斗中牺牲了，同时，岳飞的指挥作战才能也已显山露水，终于成为可以取代宗泽的三军统帅。他后来率领宋军浴血奋战，逐渐收回失地；金兵节节败退，对岳飞闻风丧胆。

　　运用之妙，存乎一心。智慧以理论的形式出现时，似乎是死的东西，但是如果用它的人能够运用自如，灵活把握，那么人类的智慧就可以成为战胜敌人、克服困难的强力武器，就可以为成功开辟捷径。

　　成功者都是非常有智慧的，但他们都是非常平凡的。

　　然而，一个人的智慧，到底是如何产生的？我个人认为有三个要素：

　　第一个，成功者不断地搜集资讯，他们相当善于掌握新知。这是一个资讯的时代，一个人是否能够成功，要看他是否拥有比别人更多的资讯，记住！永远要不断地搜集新的资讯。这样的话，我们就拥有一份别人没有的资讯，在市场上就有更多竞争优势。

第二个，一个成功的人会不断地学习别人的经验。因为成功最重要的是学习别人的经验。成功者学习别人的经验，一般人则学习自己的经验，通常他们又没有什么经验，有的话也都是失败的经验。

第三个，一个有智慧的人，会不断地自我反省。成功者诞生于反省，因此，他每一次所做的事情，一次都比一次优秀，也因此他们成为我们所羡慕的对象。未来的世界当中，我们要处于领先的地位，我们要想成为一个更好的成功者，就必须不断地自我反省。

每个人都希望自己聪明，有智慧，但是聪明智慧不是你想要就有、想要就能得到的。

那么，如何才能富有智慧呢？

1. **人生经历要尽可能丰富**。没有足够的经历，几乎不可能对世界有什么深入的了解。比如自己开个公司，或者搞个什么组织，就能丰富自己的经历。成功了，你有成功的体验，也有经受各种诱惑的体验，不成功，你有痛苦的体验。

2. **读一些重要的著作**。既读东方系统的，又读西方系统的著作。东方系统可以研究诸如老子和孔子的经典。西方可以研究诸如古希腊哲学等。

3. **要养成自己问自己问题的习惯**。没事就多问问为什么。平常随身带个小本子，把自己想到的问题给记下来。

智慧是命运的征服者。我们生活在当今这个时代，智慧是每个人必不可少的。但是不可能每个人天生就富有智慧，智慧是需要我们自己去寻找的。在人生的道路上，我们需要用智慧来开辟成功的捷径。

（六）走出思维误区

人类的思维实在是一种很奇妙的东西。认知、行为或是思考的过程都使我们能够快速的处理大量信息。举个例子吧，我们睁着眼睛的时候，大脑通常都充斥着各种刺激，也许你在考虑一个特定的问题，但你的大脑却处理着数以千计的潜在意识。不幸的是，我们的认知能力并不是完美无缺的，常常容易判断错误，这就是心理学上说的认知偏差。这种偏差在每个人身上都会发生，与年龄、性别、教育程度、智力或者其他的因素无关。这些误区中有一些是很常见的，有些较罕见，但都很有趣。我敢保证，每个人都会发现犯过其中的错误。

曾有人做过实验，将一只最凶猛的鲨鱼和一群热带鱼放在同一个池子，然后用强化玻璃隔开。最初的几天，鲨鱼不断冲撞那块看不到的玻璃，然而这一切只是徒劳，它始终不能游到对面去，更无法品试那美丽的滋味。它试了每个角落、每个角度，每次都是竭尽全力，但每次也总是弄得伤痕累累、浑身破裂出血。持续了许久，后来，鲨鱼不再冲撞那块玻璃了，对那些色彩斑斓的热带鱼也不再在意，在鲨鱼的眼中，它们只是墙上会动的壁画。实验到了最后的阶段，实验人员将玻璃取走，但鲨鱼却没有反应，每天仍是在固定的区域游着。它不但对那些热带鱼视若无睹，甚至于当那些热带鱼逃回对面去，它就立刻放弃追逐，说什么也不愿再游过去。

在鲨鱼的眼中，那块无形的强化玻璃已经成了一道不可逾越的鸿沟，或者成了"头破血流"的代名词。即使撤除了玻璃，它也不敢再去触及那种在心灵深处早已根深蒂固的伤痛。很多时候，就是这种叫做习惯思维的东西影响了人们的思绪，让人们进入了思维的误区，束缚了人们的进取。

大家都听说过一个脑筋急转弯，题目很简单，说是小明的父母生了三个孩子，老大叫大毛，老二叫二毛，那么老三叫什么？要求在一秒钟之内答题。许多人都会脱口而出："三毛!"结果，很不幸，那是错误的。正确答案是"小明"。当人们第一次见到这道题时，正确率只有百分之九。这正是我们走入了思维的误区。

在日常生活中，我们也常遇到这类事，一辆满载货物的卡车要通过一座限高的涵洞，卡车的高度只比涵洞高几厘米。通常有着丰富驾驶经验的司机不是选择绕道而行就是选择先下货，通过涵洞再重新上货。而站在一旁的路人看到鼓鼓的车胎，忍不住对汗流浃背的驾驶员说，你把轮胎气放掉一些不就可以通过了吗？果然问题就这样得到了解决。在卡车司机的眼中，他所考虑的只是车上的货物与涵洞的限高，而忽视了轮胎的高低，因而进入了思维的误区。

人的头脑中，总有一种长期以来养成的既成的习惯定势。许多在我们看来本身就是一成不变，甚至千真万确的事情，其实往往就是最大的错误。天是蓝的，水是绿的，这些认知在人们心目中早已根深蒂固；殊不知，诸如此类的描述，却只是千百年来文人墨客所缔造的一个个美丽的错觉与假象。很多人没有想到，倘若是阴雨天、黑夜或者水质受到了污染呢？所以，更多的时候，需要不断审视和怀疑自己。标新立异与墨守陈规只有一步之遥。在高山危巅上行走，进一步，也许海阔天空，也许粉身碎骨；退一步，也许峰回路转，也许裹足不前。人生之路非进则退，用另一种思维去用心解读，沼泽可变坦途，视线穿过浩瀚的沙漠，前方就是绿洲。

其实，人类的思维误区不止一个，还有很多。以下是最常见的十大思维误区：

1. 格兰布勒的错误推断

格兰布勒的错误推断就是指人们认为未来事情发生的概率会被过去的事物改变，这里并不是说特定的不会发生变化的概率，比如说抛硬币时人头朝上的概率。举个例子：如果我在玩轮盘赌，前四个转轮都是黑色，那最后一个一定就是红色对不对？当然错了！红色的概率与黑色的概率是一样的。也许在你看来这样的错误很明显，但就是这种意识的偏差让很多赌徒认为概率发生了改变。

2. 应激

应激是指人们通常会在他人的注视下做出反常的行为或表情。在20世纪20年代，豪斯王工厂（一家设备制造厂）出资进行了一项研究：工人的工作生产力会不会受灯光亮度的影响。研究的结果令他们大吃一惊，灯光亮度的调节使得生产力大大提高！然而不幸的是，当研究结束后，工人的生产力又下降到了原来的水平。这是因为，生产力的变化与灯光无关而与工人们被监视有关。这也解释应激的一种形式：当人们觉察到被注视时，就会激发他们通过改变行为达到使自己看起来更自然的目的。应激反应是一个很严肃的问题，必须通过盲法对照来研究（盲法就是为了不影响试验结果的真实性，参与实验的个人被隐瞒试验信息）。

3. 空想性错现

空想性错现是指将偶然的影像或声音当成必然。看到天上的云会觉得像是恐龙、耶稣，或是在倒带的时候听到什么声音，都是常见的空想性错现症状。这种症状的原理是：中立的外在刺激并没有特殊的内在意义，主要是在于观者的心理。

罗斯查克·因克布罗特测试可以利用空想性错现患者的精神状态。研究者会给参与测验的人观看一些意义不明的图片，并让他们描述其所见，通过这些就可以分析出测验者的潜在想法。

4．自验预言

自验预言主要是指倾向于获取结果来验证已有的观点和行为。自验预言就是一种会让预兆变成现实的东西。比如说，我觉得我的学习会很差劲，于是，我就会不努力写功课、不认真学习，结果我的学业真的很差劲，和我想的一样。另一个常见的例子是与他人的关系，如果我认为我和对方的关系会恶化，我就会行为反常，变得情绪化，于是，我们的关系如期恶化。这种自我暗示的方法是通灵者惯用的伎俩，他们向你的脑子里灌输一种观点，最终你会将它实现。

经济衰退是一种自验预言。因为国内生产总值连续两季度下降才叫做经济衰退，也就是说至少要有六个月的时间你才会觉察出正处于衰退中。不幸的是，在 GDP 刚刚出现了一点下滑趋势的时候，媒体就报道了，而媒体的报道也引起了人们的恐慌，造成一系列的连锁反应，最终结果是经济真的衰退了。

5．光环效应

光环效应指的是一个人对于其他人看法是积极的或消极的。这种效应经常发生在对雇员的评价上。比如，小林是我的一名员工，我发现过去的三天他都迟到了，于是我觉得他是个懒鬼，对工作不负责任。但其实，有很多原因会导致他的迟到，也许他的车抛锚了，也许帮他照顾孩子的保姆没上班，也许是天气缘故。但是，关键是他的迟到已经给我留下了不好的印象，于是我理所当然的认为小林不是个好员工。

6. 从众效应

从众效应是指人们会倾向于去采取大多数人认可的观点和行为来寻求安全感，避免冲突，也被称做"大众心理"。从众效应很好的解释了为什么时尚会变得那么流行。它所起到的作用就是，一批人觉得某样东西很酷，于是大家都去追捧，这就是流行。

因为从众效应的缘故，本来不那么受吸引人或者不那么流行的事物现在都有了大批的追随者，包括降落伞紧身裤，宠物石，胭脂鱼，锥形胸衣，扎染，丰年虾等等。

7. 感应抵抗

感应抵抗指的是你会因为想要获得自由而试图逆着人家的意愿做事，又称作逆反心理。这在叛逆期的青少年中很常见，但是由于所谓的对自由的威胁而做出的任何反抗或选择都属于抗逆。个人也许并没有必要做一些特定的行为，然而他们不能做的让他们想去做。

"颠倒心理学"就是一种试图用抵抗来影响他人的行为。让他们（特别是孩子）按照你相反的意愿去做，他们一定会反抗，那么结果还是随了你的愿。

8. 双曲贴现

双曲贴现指的是人们相较于延迟和复杂的结局更倾向于简洁及时的，就是在决策时更倾向于眼前，而非长远的东西。针对人类的决策过程，人们已作了许多研究，发现有相当多的因素对其有影响。有意思的是，在决定要做出什么样的选择时，拖延的时间才是最重要的因素。简单来说，大多数人会选择今天拿 20 美元，而不是一年后的今天拿到 100 美元。事实上，立刻拿到得钱可能比以后拿到的钱数量还多，因为同样数量的钱，在今天的价值是要比日后高的。假设，利率是 9%，那么聪明的人肯定知道当前拿 91.74 美元和一年后拿 100 美元是没有多大区别的。然而，我还是很想知道一个人为了更快的得到利益会愿意牺牲多大，你是愿意一年后拿 100 美元还是现在就拿 50 美元呢？或者 40 美元？让步的底线到底在哪里呢？

9.　义务的约束

义务的约束指的就是人们会继续努力完成之前失败的事业。人的一生要做许多决定，不可避免的会有人走错路。从正常逻辑看来，如果陷入困境，就应该及时变通，但有时人们会觉得难以继续坚持之前的决定，并且因为已经有了牺牲，所以难以投资下去。举例说，如果让你花费半生积蓄去创业，半年之后，眼看着你的事业就要走下坡路了，按理说来，就应该减少损失，收手不干了。然而投进了半生积蓄，这让你觉得有责任投资更多的钱以期能够咸鱼翻身，东山再起。

10.　安慰剂效应

安慰剂效应是指一个没有治疗效果的物质，但如果你相信它有，就会起到一定的作用。这在药物治疗中很常见，临床观察到，那些治疗中服用了糖丸的病人，还是取得了一定的进展。安慰剂效应还是一个科学难题，但理论上讲安慰剂是期待效应（人在遇到不确定的情况时，事情多会朝着你期望的方向发展），因为病人希望有疗效，所以他感觉不错。但这还是不足以解释疾病症状减轻的原因。

如果结果是好的，我们常用"安慰剂"这个词：如果结果不尽如人意，通常称作"反安慰剂效应"。

错误的思维正如树上的毒瘤、心灵中丛生的野草。跳出习惯的羁绊，你就发现和读懂了自我。走出了思维的误区，你就迈向了成功。

（七）该低头时则低头

富兰克林·罗斯福出生在美国纽约，毕业于哈佛大学，是美国第32任总统，美国杰出的政治家之一。一次，他刚当选为总统后不久，去拜访一位德高望重的议员前辈。进门时突然脑门碰到了上面的门框，碰得眼睛火冒金花，捂着眼！老议员不但没好话安慰，还绷着脸问：

"你是来干什么的呢？"

"是来看望您老前辈的。"罗斯福回答说。

"既然是来看望我，那干嘛还把头抬得那么高？该低头时就得低头，你看，不然就得吃亏。"老议员没好气说。

从此以后，罗斯福深深的记住了这句话；把这句当作了自己座右铭。

罗斯福是美国连任四届总统的伟大领袖。在他领导美国人民期间，复兴经济，第二次世界战胜法西斯，提出创建联合国以维护世界战后和平。

在罗斯福新上任施执"新政"复兴美国经济时，采取了一系列的措施，其中之一是减免农税，补贴农民，提高农产品价格，调整农业部署等，得到了广大农民、工人、下层社会人民的拥护和爱戴，提高了农民的生产积极性。

　　人生就像一首歌，有时候这首歌的旋律是热烈奔放的，有时候是低沉顿挫的，有时候是欢快飘逸的，有时候是忧伤郁闷的。有时候，人生需要高歌猛进，在困难面前不能有丝毫的退让，坚持到最后往往就能取得胜利；有时候人生需要在苦难中不断增加自己的价值，因为苦难能够丰富你的思想，开阔你的视野，增加你的经验；有时候人生充满了欢快，一切都是顺利的，但也有时候人生会被灰色的灰尘包围。一个人不可能永远都是顺利者，不可能永远都是冲锋陷阵的斗士，有时候你需要鸣金收兵，有时候你需要蛰伏休憩。就像罗斯福那样，懂得该低头时就应该低头，否则是成功不了的。

　　人生在世总有不如意的时候，不可能总是一帆风顺，不可能总是昂起头来做人，所以做人和做事要准备承受突袭的风暴，该低头时就低头。中国有句话叫做"大丈夫能屈能伸"，就是说一个人不可能总是很得意，也不可能总是很失意，在应该伸的时候伸，在应该屈的时候屈，这才是真正的人生，这才是有滋有味的人生。

　　当你高调做事的时候，不妨低调做人；当你昂首前进的时候，不妨低头看路；当你登上事业的峰巅，不要忘记低头看清身后的大地。

　　低头，不是愚昧和懦弱，不是无能和低下，它其实是"大智若愚"的心智修炼。无数事实证明，该低头时则低头，才有你我双赢的硕果；有彼此弯腰低头的退让，才有"六尺巷"的佳话。相逢一笑泯恩仇，是君子的大度；低头待人留余地，应该是我们的修为。

　　有人对大哲学家苏格拉底说："听说你被认为是天底下最有学问的人。请你告诉我，天与地之间的高度到底是多少？"苏格拉底略加沉思微笑着答道："三尺！"那位问话的人十分诧异，觉得无法接受："胡说，我们每个人都有四五尺高，如果说天与地的高度只有三尺的话，那么我们这些人还不把天给戳出许多窟窿来。"苏格拉底笑着说："所以嘛，凡是高度超过三尺的人，要想长久地立足于天地之间并且能够游刃有余的话，就一定要懂得低头呀，这是人生的一种大智慧！"

苏格拉底的话实际上道出了人生的真谛：懂得低头。

郑板桥的"难得糊涂"，就是他善于低头的策略；林则徐的"无欲则刚"，实为其俯身低头的自我磨砺。

我国古代的思想家孟子说过："富贵不能淫，贫贱不能移，威武不能屈，此之谓大丈夫。"其中，威武不能屈也被历代的知识分子作为一种人格和精神加以褒扬。但是，我们无法想像一个人能够始终做到不向任何人和势力低头，这在现实中是根本不可能的。相反，能屈能伸，刚柔兼济，有退有进，才不失为男子汉大丈夫的气度和风范。因为一时的低头是为了长久的抬头，正如暂时的退让是为了更好地前进一样。虽然我们并不都能成为富兰克林，但学会低头，拥有谦逊的美德，的确是人生应该学习的一门功课。切不可在人生的紧要关头，聪明反被聪明误，以至于弄巧成拙声名狼藉。古人云，吃亏是福，其实，主动吃亏也是一种做人的风度。

刚刚告别校园，走上社会的青年，他们难免会保留着学生时代的理想色彩和为人子女的娇惯任性。他们常常怀着满腔热血，揣着远大抱负，想走出校园去轰轰烈烈地干一番事业。然而，纷纭复杂而又瞬息万变的现实世界并不像他们想像的那么美好，他们将面对的是比自己想像中多千倍万倍的困难和挫折。面对这些生活道路上横生的障碍，每一位现实者都应当吸取教训，学会审视、思索，采用迂回和缓的方法去战胜困难并超越自身。有些理想者傲气不敛，锋芒毕露，他们不懂得低头的学问，甚至小觑或无视生活中有意无意设置的低矮"门框"，其结果只能是碰得头破血流，成为不得不在风车前败下阵来的"堂·吉诃德"。

该低头时就低头，不是受侮辱与压迫，而是你具有了对世态炎凉的感知所采取的自我保护的生存策略。该低头时就低头，是"棉里针"，到头来还是会"仰首向天笑"的。

学会低头，也就学会了审时度势，把握全局。学会低头，就能顺利跨进生活中意想不到的低矮"门框"而免受无谓的伤害。眼睛朝上，目空一切而从不懂得"低头"看路的人，终有一天难免要摔跟头。总是头颅高昂，逞强好胜而不懂得弯腰的人，总会撞上挫折的"门框"而弄得头破血流。只有学会低头，懂得低头并且敢于低头的人，才会平安无事，一路走好。

（八）向"不可能"宣战

日本有两家鞋厂分别派了一位推销员来到太平洋上的一个小岛推销鞋子。这个岛地处热带，岛上居民一年四季都光着脚，全岛找不出一双鞋子。

一家鞋厂的推销员很失望，给公司本部拍了一份电报："岛上无人穿鞋，没有市场，不可能卖出鞋。"第二天，他就回国了。

而另一家鞋厂的推销员看到这个岛上没人穿鞋，心中大喜。他住了下来，立即给公司拍了一份电报："岛上无人穿鞋，市场潜力很大，请速寄100双鞋来。"等适合岛上居民穿的软塑料凉鞋寄到岛上，这个推销员已与岛上的居民混熟了，他把99双凉鞋送给了岛上有名望的人和一些年轻人，留下了一双自己穿。因为这种鞋不怕进水，又可保护脚不受蚊虫叮咬和石块戳伤，岛上居民穿上之后都觉得很舒服，不愿再脱下来。

时机已到，推销员马上从公司运来大批鞋子，很快销售一空。一年后，岛上居民就全部穿上了鞋子。

当你接到一项新任务时，是否常会有"不可能"的第一反应。这样是很要不得的心态，如果你动辄就说"不可能"，久而久之你就会失去自信心，而且在潜意识里形成消极的自我暗示，使原本具有的潜能难以发挥出来。等到真的要着手做事时，便会因紧张导致肌肉僵硬，头脑呆滞，"不可能"就真的变成"不可能"了。

有一则寓言，或许对你能有些启发：

一天，小马想到山坡上吃草，但要到山坡需经过一条小河，河上有一座桥。可是桥年久失修岌岌可危，小马很为难，想涉步走到对岸山坡，可是它不知道河水到底有多深。

小马在河边犹豫不决，这时有一只小蜻蜓飞过来对小马说："小马，千万不要涉水过河，那河水深不可测，前天我的一个姐姐就淹死在这条河里。"

小马更加犹豫了。这时河水上漂来一片叶子，叶子上的蚂蚁说："小马，救命啊！"原来那蚂蚁失足跌进了河里，好不容易才爬上那片叶子。忽然，叶子被卷进一个漩涡里，蚂蚁来不及呼救就被河水冲走了。

小马看到小蚂蚁惨死在河中，心里非常害怕，连忙掉头跑回家去问妈妈："妈妈，河水太深了，我一定过不去。"

马妈妈说："傻孩子，河水并不深，你试试就知道了。"

小马又来到河边，小心翼翼地走进河中，发觉原来河水很浅，只刚淹过它的脚背而已。

凡事都认为"不可能"，还没有尝试之前就竖起白旗，不仅会给他人没有自信的印象，而且是在潜意识中为自己的不成功留下退路。那么，即使你去尝试也不会尽全力，自然就不可能成功。

其实"困难"并没有我们想像得那么难以解决，唯有尝试去做，一定能够尝到苦涩背后的甜蜜。综观人类的历史，有多少事都是从"不可能"变成可能的。比如，在以马车代步的年代，人们会认为时速近百公里的汽车是不可能的事；有了汽车后，人们也认为在天空像鸟儿一样飞翔也是不可能的奢望；待飞机诞生后，人们则会认为登陆月球是难以想像的事。如今，这一切的"不可能"都变成了"可能"。要是人类只在乎于陈规陋习的话，那今天我们可能还是停留在茹毛饮血的原始生活中。

别再把"不可能"当成借口，将潜伏在我们体内的巨大潜能唤醒，把自己推到激流中去。只有让自己挺身接受生死存亡的考验，你才会发现自己的力量和胆量是不可估量的。

有三名考生要赴京赶考，但他们对自己不太有信心，便联袂找一位有名的算命先生求卦。算命先生明白了他们的来意后，掐指一算，伸出一根手指，一言不发，三人以为他说三人会一起中榜，便满意离去。

算命先生的弟子很是奇怪，问师父为何只伸一根手指就能让三人满意离去。算命先生说："如果他们三人全都考取，就喻意他们'一'起中榜；要是只有二人考取，就是指他们之中只有'一'人名落孙山；若只有一人考取，也可以解释说只有'一'人能考取；要是全都落榜，那就是他们'一'个都考不上。"

这位算命先生很聪明，充分地考虑到各种情况而为自己留下退路。但凡事先留退路却不是件好事，唯有把自己逼到绝路上去才能知危而后勇，完成"不可能"的任务。

如果我们只是去重复做可能的事，那我们便很难脱颖而出。

有一家报纸开辟了一个新专栏，其选稿原则只有4个字：新、奇、怪、冷。因为唯有出奇制胜，才能与众不同，引人注目。做人又何尝不是如此。避免和他人雷同的方法只有一种，那就是把常人认为"不可能"变为"可能"。

抱着"不可能"心态的人只会变成失败者，成功总是发生在"知其不可而为之"的人身上。如果你想要拥有成功，就要敢于向"不可能"宣战，把"不可能"这个字眼从你的人生字典里剔除。

汽车大王福特一生中做了很多"不可能"的事，V8型汽车的发明便是其中一例。

有一天，福特先生把工程师聚集起来，请他们在一个引擎上装上8个汽缸。总工程师便急忙说："报告总裁，这是不可能的事。"福特看了看他说："你们尽力去做吧，不管花多少时间和金钱，我一定要得到它。"

工程师们对他的无理要求非常无奈，但失业的危机时时刻刻威胁着他们，于是他们只好硬着头皮按老板的意思去设计这"不可能"的V8型汽车。

半年过去了，他们的工作仍然一无进展。年底验收时，工程师们只好据实禀报："总裁，我们尽力了，这是不可能的事。"

福特只是笑着说："没有不可能的，你们继续做，做到完成为止。"工程师们只好继续研究。后来，其中一名工程师偶然之间受一件事启发，悟出了在一个引擎上装8个汽缸的"窍门"。著名的V8型汽车就在福特先生勇于挑战"不可能"中诞生了。

向"不可能"宣战，需要的是一种尝试，一种事情只有尝试了才知道事情真正的价值，才能获得成功。

（九） 正确地思考与观察

如果你的思想是一块未经开垦的土地，那么不同的运作方式会出现非常不一样的结果：辛勤且有计划的耕耘，就可把这块土地开垦成产粮丰富的良田；如果让它荒芜，它就会杂草丛生。所以想要从你的思想中得到丰收，你必须付出努力和投入各项准备工作，这些工作的安排就是正确思考的结果。

所有计划、目标和成就，都是思考的产物。你的思考能力，是你唯一能完全控制的东西。你可以以明智、或是愚蠢的方式运用你的思想，但无论你如何运用它，它都会显现出巨大的力量，影响你的成败。

当年，某人被监禁在一间监狱里。就在他心情最恶劣的时候，他思索着生命给了某些人权力和财富，而他却被囚禁在监狱里的事实。思考的结果改变了他一生。

过了不久，整个监狱的人都知道了他，因为他写了一本书。在这本书中，他不折不扣地写出了他的目标，并且使整个监狱的人都知道了他的目标。有些人读了这本书之后只是一笑了之，而有些人则觉得这本书就是疯子写的东西。可是，就是这个"疯子"在 10 年之后，脚踩着半个欧洲，以他的行动震惊了全世界。他就是希特勒！

希特勒找到了以破坏的手段运用思考力量的机会。虽然他的思考，并非这里所要谈论的正确思考。

这里要谈的是关于正确思考的好处。

学会正确思考，就能将滋生疾病、带来痛苦和导致失败的悲观思想扫地出门。学会正确思考，就能树立积极的人生目标，养成富有生机与活力的思想习惯，这种思想习惯既是一种现实的存在，又是一种永恒的真理，它使你感到力量陡增，感到伟大的内在力量正强有力地支撑着你，让你勇往直前、战无不胜。

沙克的正确思考，使他发明了小儿麻痹疫苗。马歇尔的正确计划振兴了经过希特勒蹂躏之后的欧洲经济。布什对"沙漠风暴联军"有系统的组合，以及像斯瓦兹科甫夫和鲍威尔将军的精确计划，成就了美国的利益。没有正确的思考，是不会成就这些伟大的事情的，可以说正确的思考，是成就杰出事业的必备条件。

　　正确的思考是以归纳法和演绎法两种推理作为基础的。例如，用石头砸窗户，窗户一定会被打破，反复几次用石头扔窗户之后，便可归纳出一个结论，玻璃是易碎的，而石头不会碎。从这个结论出发，进行演绎推理，可以知道其他不易碎的东西也会打破玻璃，而石头也会打破其他易碎的东西。

　　我们很可能一不小心就做出错误的推论，进而导出错误的结论。所以，必须严格地要求推理的正确性，也就是严格地要求自己要进行正确思考。你必须时时审查推理结果，并找出其中的错误；除了审查自己的思考过程之外，你可以运用这两种推理方式，审查别人的思考结果是否正确。

　　通常，一件事物的出现，往往会有很多的议论或者意见，而这些议论或者意见多半都是没有价值的。在没有价值的议论或者意见之中，有许多又可能是危险而且具有破坏性的（尤其当它们和个人进取心发生联系的时候）。希特勒就是一个最好的例子。所以，我们只能接受那些以事实或正确的假设为基础所提出的意见。正确思考者在没有确信之前，是不会提供任何意见的，虽然他们从别人那儿掌握了事实、资料和建议，但是他们保留接受与否的权利。而报纸、闲聊和谣言，都是靠不住的，因为它们所传达的消息经常会出现变化，而且也没有经过严格的查证，没有可靠的基础。

　　美国曾经有过这样一个谣言：在百事可乐的罐子里，发现皮下注射器的注射针，当时有 20 几个州都有这样的报道。基于此"事实"，百事可乐的股价一下子严重下跌，投资人以赔本的价钱抛售百事可乐股票，但是正确的思考者并不相信这一"事实"，反而买进该公司的股票。最后联邦药物管理局和联邦调查局宣布这些报道完全是恶作剧，那些经过正确思考后低价买进股票的人成了最终的获胜者。

　　如果想做到正确思考，就必须认真思考、仔细研究所得到的每一种资料，了解你所得到的资料被修改或夸大甚至颠覆的程度。在接受任何人的言论之前，应该找寻对方发表此一言论背后的动机，必须谨慎决定是否应该接受狂热者的言论，虽然有些人的动机是值得赞扬的，但值得赞扬的本身并不等于正确。对于企图影响你的人，你必须小心谨慎，如果言论显得不合理，或是与你的经验不符时，便应该做进一步调查，在调查的基础上进行正确的思考。你必须时刻牢记，成功只能建立在正确的思考之上。

第六章　行胜于言　不断积累

（一）把信念化为行动

有一个人住在美国密苏里州独立市的雷德街，名叫雷纳·川伽。在 1928 年，川伽先生继承了一笔价值 10 万美元的产业。但在十年过去后，他却宣告破产。究竟这十年都发生了什么事呢？雷纳·川伽的亲口叙述说：

我父亲不仅拥有成功的事业，而且为人慷慨。在我上高中的时候，只要我需钱花用，他都允许我用银行的账号开支票。到了我上大学的时候，我更是精于此道。当时我根本不知道钱的价值，更不知道用什么方法去赚取，我唯一知道的是如何用父亲的账号去签写支票。

"我一直采取这样的花钱方式直到父亲过世。父亲去世的时候，留给我一块相当大、而且价值相当高的土地，位置就在密苏里河下游靠近莱新顿一带。我开始以农夫自居，但没有过多长时间，大萧条横扫全国各地，我第一年的财务便呈现严重赤字。我抵押了一片土地去偿还债务和填补银行欠款，但这么做仍起不到大的作用，最后我不得不把那片抵押的土地以极低的价格出售。由于我仍需要花钱，便又以同样的方法陆续把田地抵押，并最终出售给别人。

"最后，算总账的日子终于来临了。我知道我已经什么都没有了！

如果我要继续活下去，就必须出去找工作——那是我以前从未做过的事。我感到非常痛苦与不知所措。

"一天晚上，我被噩梦惊醒，我也终于知道自己必须去面对事实。我对自己说，滑雪玩的童年日子已过，现在你已长大成人，应该去做一些大人的事才行。起来吧，要起来工作！

"除了面对现实中的困难外，我也开始找出自己究竟信仰什么。曾经，我一直跟随众人的思想，认为美国是个充满机会的国度，只要努力，便能达到追求的目标。现在，虽然正值萧条时刻，工作机会不多，但我个人毕竟有一些特长。

"我拥有一个健康的身体、一份大学文凭，还有一些从失败和错误中所得到的经验和体会。现在，我需要的是采取行动，而不是浪费时间去感叹自己的不幸遭遇或沉浸在悲伤中。

"对于我自身的情况来说，要想轻易找到一份工作几乎是不可能的。但是，我不能让自己颓废下去，我必须强迫自己用信心来取代恐惧和疑惑。我要相信这个国家是个充满机会的地方，只要有信心、决心，每个人都会有自己的立足之地。就是这份信念在支撑着我，使我不轻言放弃。

"最终，这份信念得到了事实的证明。我在堪萨斯市的一家财务公司找到了工作，并在那里愉快地工作了 4 年。后来我把工作辞了，再度回到农地上。这一次，事情进行得非常顺利。我慢慢建立起自己的信用，并逐渐扩大事业的范围。我买进卖出，从中赚取不少利润。我感激多年来失败给我的教训。这一次，我终于踏上了成功的大道。

"我先前失去的产业，都被我重新赚了回来。我的努力没有白费，但这已经不重要了，重要的是把这些宝贵经验都传给了我两个儿子。这比只给他们财富要有意义。

"在经历了如此多的事情后，我得出一个结论，我们必须信仰某些事物。但是，假如我们没有就此信仰去采取行动，一切仍然徒劳无功。只有信心而没有作为，是起不到任何作用的。"

川伽先生的故事是迈向成熟的最好典范：他从一个被娇宠、不知责任为何物的男孩，在一夜之间认清自己不但要有信仰，并且要因此采取行动来印证这个信仰。在此之前，川伽先生像一个幼稚的孩子一样逃避现实，但是，他坚持着自己的信仰，使他能像成人一样再度面对生活中的种种磨难。

当然，我们要想使自己变得成熟，仅有信仰是不够的。信仰的好处是能增强勇气，使我们在接受考验的时候，不至于临阵退却。除非我们以信仰做基础，然后付诸行动，否则任何大道理与原则对我们都无济于事。

有时在一些特殊情况下，我们的行动和信仰也会产生矛盾。比如，有位妇女笑着告诉我，店里的售货员多找 50 美分给她。我问她是否打算把钱还回去，并向那位售货员说明理由，她听了非常不以为然。

她提高声调急急地说道："当然不啊！多找零钱那是她的过失，当然得由她负责。想想看，如果是她少找给我钱，我不就吃亏了吗？"

如果我们要检验这位妇女的诚实度，当然她就要自取其辱了。她对售货员的过失似乎采取幸灾乐祸的态度，甚至到了不顾体面的地步。这种不磊落的行为，完全将她那不诚实的品格给暴露了出来。

人们的信念往往是依靠行动表现出来的。耶稣曾说过："凭他们所结的果子，就可以认出他们来。"是的，只有行为才是有效的。如果我们不表现出行动，则任何哲学理论叫得再响，对我们也丝毫起不到作用。我们所结得的果子将是苦的，我们的生命也将失去它的真正意义。

我们一旦有了坚定的信念，就应当付诸行动。

在夏威夷，有一个名叫保罗·玛哈的建筑承造商，他坚信人不可轻言放弃。他不但如此坚信，并且在行动中时时都有表现，因此事业做得十分成功。

1931 年，玛哈先生在建筑和工业界四处打听，想要找一份工作。他年轻没有经验，因此处处碰壁，工作的机会非常渺茫。由于当时的社会不景气，没有公司需要增聘工程或制图人员，就是经验丰富的老手也会遭到解聘，新手就别提了。

玛哈先生坦承道："我当时感到自馁。但后来我决定，假如没有人愿意雇我，我就给自己做。我借了 500 美元，然后成立了一家小型建筑承造公司。"

"公司虽然建成了，但是十分不景气。你想一下，想要盖房子的人，谁愿意找一名没有经验又没有名气的人来做？但无论如何，我鼓起勇气，下定决心要干到底。凭着这种信念和坚持的心理，我终于得到了几笔小生意。"

"第一笔生意是承造一栋 2500 美元的房子。由于经验不足，估价不准，结果我赔进去 200 美元。但是，有了这次失败的经验，接下去的几桩生意便弥补过来了。由于我坚信人不可轻言放弃，终于度过了人生中这一艰难的坎儿。"

是的，人不能因为没有信心而跌倒，不能因为没有把信念化成行动而失败。

（二）学会赞美他人

赞美他人是人际交往最佳的方式。每一个人的内心深处都有得到别人肯定和尊重的愿望，而你的赞美正好使对方这种需求得到满足，同时你的赞美同样也是对方自我价值实现的一种方式。任何人都不会抱怨别人对自己赞美得过多，所以在人际交往中千万不要吝啬你的赞美之词。小孩子喜欢别人称赞自己聪明伶俐，中年人喜欢别人称赞自己成熟稳重，老年人喜欢别人称赞自己的身子骨硬朗；诗人喜欢别人赞美自己的才华，科学家喜欢别人称赞自己的知识渊博和精深，歌手喜欢别人说自己的歌声优美，演员喜欢别人称赞自己的演技高超……所以，赞美他人是每个人必备的社交技能，它不仅能使你轻松地处于有利地位，甚至还有化腐朽为神奇的功效。

日常生活中，适时真诚赞美他人，会让他人高兴，也可使他人尊重你、亲近你。你可以在早上出门时，夸赞妻子今天的服装很漂亮；上班时发现同事剪了一个新发型，不妨赞美一下："啊，好漂亮哇！""怎么一夜之间变得更漂亮了呢？"同事有好的表现时，更要及时赞赏一番；聚会时夸奖他人的伴侣漂亮，他人的小孩聪明；吃饭时不忘称赞妻子的手艺等等。总之，要发自内心地、真诚地赞美他人。

某王爷手下有个著名的厨师的拿手好菜是烤鸭。这道菜深受王府里的人喜爱，尤其是王爷，更是倍加赏识。不过这个王爷从来没有给予厨师任何鼓励，使得厨师整天闷闷不乐。有一天，王爷有客从远方来，在家设宴招待贵宾，点了几道菜，其中一道是王爷最爱吃的烤鸭。厨师奉命行事。然而，当王爷挟了一只鸭腿给客人时，却找不到另一条鸭腿，他便问身后的厨师："另一条鸭腿到哪里去了？"

厨师说："禀告王爷，我们府里养的鸭子都只有一条腿！"王爷感到十分诧异，但碍于客人在场，不便问个究竟。饭后，王爷便跟着厨师到鸭笼去查个究竟。时值夜晚，鸭子正在睡觉。每只鸭子都只露出一条腿。厨师指着鸭子说："王爷你看，我们府里的鸭子全都只有一条腿！"王爷听后，便大声，鸭子当场被惊醒，都站了起来。王爷说："鸭子不全是两条腿吗？"厨师说："对！对！不过，只有鼓掌拍手，鸭子才会有两条腿呀！"要使人们始终处于施展才干的最佳状态，表扬和鼓励是不可或缺的。

每个人在满足了基本的需求后，都还有较高层次的需要——受他人尊重和肯定。每个人都有受人信任、赞美的需要和渴望，而真诚的赞美他人便能投其"所好"，自己也能在这一过程中得到他人的认同和赞美，获取成就事业的一臂之力。

寻找别人的长处来褒扬并非难事。人人都有棋高一招的时候。懂得欣赏他人不仅非常有用，而且能使他人尊重你，从而提升自己的威望。因为赞美能把自己的谦恭展现给他人。聪明的人都明白这个道理，他们总能够在合适的场合自如地运用赞美的技巧，从而提高自己的威望，建立良好的人际关系，这正是他们的聪明之处。而愚蠢的人则反其道而行之：他们总是貌似聪明地找出别人的缺点来加以批评，而对别人的优点熟视无睹，或者总是当众找出不在场的人的缺点加以嘲讽来取悦在场的人。这种愚蠢的行为往往会成为别人的笑料，或者成为一场是非的缘由。这些愚蠢者轻视他人，喜欢搬弄是非，大都是自己的无知，因为他们看不见别人的优点，不懂得欣赏别人，而总是喜欢用放大别人的缺点的方式来显示自己的高明。这种人往往招人讨厌。

我们要学会欣赏别人。一个人一生中要交很多朋友，要与无数的人交往，在交往中最重要的是要善于打开每一扇人际关系的门，而打开这扇门的金钥匙就是合适而灵活的赞美他人。

那些可以获得别人好感的人，都是毫不迟疑地去称赞别人的人。许多人都称赞别人很吝啬，即使他们非常清楚对方的成就，其结果这些人也同样难以获得别人的称赞。反观那些杰出的人，因为总是慷慨大方、毫不迟疑地称赞别人，所以他们也赢得了别人慷慨而大方的称赞。根据心理学家的研究，称赞别人时，应该遵守下面五项原则：

1. 不要害怕当面称赞别人

当面称赞他人不仅能够使他人愉快，在称赞他人的同时，他人也对你有一个好印象。直接称赞他人的话，也许对方听了并不全信，但总比你不把它说出来要好。你不可能不费吹灰之力就使对方感到愉快。所以，即使你的称赞不可能收到百分之百的效果，也应该毫不迟疑地当面告诉他。

2. 向对方求助或是征求意见

你可以询问对方："你认为如何？""我该怎么办？"这是属于一种间接的称赞。你或许认为它不能达到和直接称赞相同的效果，但是，如果你运用得当，它绝对能够产生比直接称赞更妙的效果。

3. 说出对方的优点

每个人都有优点，每个人的优点都希望被别人称赞。例如，男人希望被认为强壮；女人希望被认为漂亮。你只要掌握这个原理，并且制造机会称赞他的强壮或她的漂亮，那么你就很容易满足他们的需求，让他们感到无比高兴。

4. 肯定对方的智力、能力和判断力

对于不太了解事情真相的人，你也应该对他说："你一定很了解吧！"这就是说，你如果把他当作知道此事的人，就足以满足他的虚

荣心，让他感到高兴。每一个人都希望被他人称赞为有知识、有教养的人，如果你常用"你真有知识"、"你真有能力"、"你真有判断力"去满足他们这方面的需求，那你就很容易地使其对你产生信赖和好感。曾经有一位催眠专家说：如果你想催眠一位有教养的人，最重要的秘诀是在事前不露痕迹地给他这样的暗示：知识水准愈高的人愈容易被催眠。那么不管这个人是否有教养，他都很容易被催眠。因为他为了证明自己是有教养的，会先迫使自己这么做。所以，如果你对那些爱谈论政治时事的人说："像你这样通晓国际形势的人，一定对石油问题的现状了然于胸。"那么，你就能很容易博得他们的好感。

5．称赞对方的成就

这是满足对方虚荣心的最好方法。有些男人为自己事业的成功而得意；有些女人为自己孩子取得了优良的学习成绩而得意。聪明的你就应该在他们这些得意处好好地加以称赞。懂得这些原则并且善加利用的人，一定会为他的生活带来许多意想不到的好处。不过你也应当注意，绝不可以把它和"馅媚、奉承"相混淆。善意的称赞与那些显而易见的馅媚和称赞是完全不同的。

真诚而有技巧的赞美，比直言进谏、恶意嘲讽有效得多。谁会喜欢说话讥讽味十足、爱在鸡蛋里挑骨头的"刀子嘴"呢？试着在你的嘴巴上抹些甜蜜吧，学会赞美他人。

（三）三思而后行

一个人在培养自己的能力时，必须要专一，不可饥不择食，觉得什么好就学什么。不然，到时候，即使三百六十行件件都会，却拿不出看家本领，永远只能在起点上，干不出什么杰出的成就来。这样，别人就会瞧不起你。所以，你必须三思而后行。如果决定去做一件事就要全身心的投人，甚至你可以这样想，我就要在这一件事上做出成绩来，即使追求的路上布满荆棘，我也要千方百计地跨越。

人生的坐标，你必须找到延伸的一个点，确定你延伸的方向，那么，首先你得认识你自己，审视自己一番，再扣心自问自己到底是怎样的一个人，你有什么特点，有什么优势，只有把自己剖析得条理清晰，把好钢嵌在刀口上，才能将你的能力发挥得淋漓尽致，取得事半功倍的效果。

比如找一份工作，这份工作如果你十分喜欢，也感觉是你施展才华的舞台，那么你自然会集中精力全身心地投人到工作里去，而不是凭一时的热情去蛮干。同时不要被另外一些表面更具有诱惑的工作迷惑了你。这山望着那山高，美好的工作太多了，哪里才是你的终点呢？

在工作中专心致志，终于有一天我们会渐渐明白，潜心钻研，尽管放弃了其他的乐趣，但在钻研中同样会得到快乐。

人生定位是决定一个人成败的至关重要的因素，千万不要去干你根本干不了的事。男怕干错行，女怕嫁错郎。凡事不三思而后行，弄不好自己还会鸡飞蛋打，造成遗憾。

社会是一条滚滚江河，如何在这条河中把握自己前进的双桨，认清自己的航道，这就需要我们探索前人没有运用过的思维方式，寻求运用没有先例的方法和措施去分析、认识事物，从而得到新的启发，锻炼和提高个人的识别能力。只有这样，才可以使人生有很大的改变，你不须再事后烦恼，而可未雨绸缪事先找出原因。就以你一顿吃得过量而引起肚子胀痛这个问题来说，症结不在食物，而在于你自己。做决定首要步骤是考虑明白为了什么目的，其次是检查其他的可行方案，然后考虑风险。不论你有些什么花招，这是最基本的程序，缺少这些过程的人会浪费很多时间。

学习果断决策，可以研读一些相关的书籍，或请教优秀的决策者并向他们学习，观察他们如何做决策。通常每一个决定都有其优缺点，好的决策还应该包含了解发展的方向，同时评估他们的重要性。

有些人说他们是以直觉来作决定，依靠的是感觉与本能。然而，对于成功人士来说，所谓的直觉其实就是源自深厚的知识。由于他们非常了解某个主题或具备非常丰富的经验，使得决定成了一种习惯。我们不必否认直觉和本能，但也不要一味地依赖它。

有一位朋友，在外地教书，已快到退休年龄，唯一的儿子虽已成年，遗憾的就是弱智。这位朋友不担心自己的晚年生活，因为政府会给他退休金，养老金，可他非常担心他去世后这孩子怎么办。他手里拿着几十年来储存的 20 万元存款，不知该给孩子在外地买套房子，还是在当地买一套房子，把钱存起来又怕人民币贬值。在他自己决定不下来的时候，找人帮助合计如何是好。

出于他对你的信任，你又该如何给他答案？根据他家情况，必须从三个方面考虑：生存、发展、可靠。

通过反复的思考，细细斟酌，他准备将 20 万元存款分为三份。一份在县城购一套二居住房；一份给儿子买保险和存入银行，并找二位亲邻做监护人；还有一份用于退休后作一个小买卖，再娶一个适当的儿媳。

如果不出大意外应该是万无一失的，朋友很高兴。

战略上，创业者一定要有三思而后行的观念，这是严肃的人生态度。而这种态度只会对自己有利而无害，何乐不为！

养成"三思而后行"的作风，可以弥补一个人的许多不足之处。

观察一下你的周围，最富有的人是最聪明、最有知识的人，更是埋头苦干、持之以恒遇事三思而后行的非常有主见、有能力的人。

（四） 不断积累，不断爆发

一位优秀的射手，他的箭总会一次比一次射得更远更准，一次比一次目标更高。做一件事情就像张弓射箭一样，必须将弓张满，使力度达到一定的程度，这样，你的箭才会射得更远。你的弓渐渐张开的过程，就是你逐渐积累的过程；你的箭射出去，就是你爆发的时候。如果你想把自己的箭射得更远更多更准，你就需要不停地张弓、射箭。这就是你人生的一次次的积累和爆发的过程。

无论我们的靶子是什么，第一次便能正中红心的机会毕竟是少之又少的。有经验的射手射出的第一箭通常只是在探测风向，接下来才是瞄准目标。人的事业通常也不是一次就能够完成的。运动员令人惊叹的比赛背后需要进行长久的练习，音乐家出色的演奏背后常常需要艰苦的训练，杂技演员精彩的高难度动作背后少不了多年的努力。人生的目标常常是没有尽头的，在你还是一个普通的学生的时候，你可能认为自己什么时候能够拥有一套房子就好了；当你真正有了房子的时候，你仍然会想，如果再有一辆车就好了；等你有了车的时候，你又会想，能够自己开一家公司就更好了；当你有了自己的公司的时候，你可能又想联合其他的公司……人生的目标是没有尽头的，没有人能够一劳永逸，而且人生中最重要的是一个过程，这个过程就是一个不断成长和增加自己的价值的过程，是一个需要不断地为自己设立新的目标并且不断的克服所面临的困难的过程。这就是一个不断积累和爆发的过程，从积累到爆发，再积累而后再爆发，这是人生拼搏和奋斗的过程。

不成功的人生是还未爆发就销声匿迹，平庸的人生是终生不断燃烧而无夺目光焰。许多人凭借年轻时的闯劲实现了人生的第一次爆发，却在随后的挫折中彻底崩溃，终生不再爆发。还有一些人，不管第一次爆发是成功还是失败，都能认真总结经验和教训，确定实现第二次爆发。

最成功的人生轨迹应该是青年时期爆发，中年时期再积累、再爆发，到了老年，如果能够继续前进，还会有更壮观的爆发。辉煌的人生就是不断地积累、爆发，再积累、再爆发，直至生命的最后一刻。而平庸的人生既没有积累也不会爆发。

为什么有些学者终生都没有研究出什么有价值成果？为什么有的学者研究出一两个成果以后就躺在功劳簿上睡大觉？为什么有的人却能不断攻关，硕果累累？

为什么有的文学爱好者一生都在爬格子，却总不见有文章发表？为什么有的人文章虽然变成了铅字却没有引起轰动效应？为什么有的成名作家虽然轰动一时但很快就像流星一样消失了？为什么有些作家多产且佳作不断？

原因就在于是否做到了积累爆发，再积累再爆发。一般来讲，要实现这种人生的辉煌，必须有高起点和远大的目标，还要不断地积累知识存储能量，最后还要选择适当的时机爆发，这样才能产生巨大的轰动效应。

聪明人懂得不断地积累并且能选择在恰当的时机爆发，最终铸就人生的辉煌。那么，我们是不断积累不断爆发还是爆发一次就放弃呢？我想，大家心里都有一个明确的答案。

（五） 成功从珍惜时间开始

"时间就是生命"、"时间就是效率"、"时间就是金钱"、"一寸光阴一寸金，寸金难买寸光阴"，诸如此类的格言我们每个人都可以脱口而出。对待时间的态度，可以决定我们的命运。我们的手中，握着的可能是失败的种子，也可能是成功的无限潜能，答案需要我们自己选择——随波逐流将一事无成，全力以赴便会前程锦绣，让瞬间创造永恒，成功从我们珍惜时间开始！

人生最宝贵的是时间。无论你做什么事情都要花费时间。时间是组成生命的元素。一个失去时间的人不再称之为人，而一个死去的人也无法再拥有时间。

对于我们每个人而言，还有什么比时间更重要呢？尤其是青年人，更应该惜时如金，今日事今日毕，不要坐等明天。假设明天已是一头白发，你马上就会意识到："生命如此短暂，我还有那么多事要做……"

我们要珍惜宝贵的时间，做时间的主人。科学有效地利用属于我们的每一分钟，是我们走向成功的一个重要的因素。

时间对每一个人都是公平的，一个百万富翁和一个一无所有的穷人所拥有的时间是完全一样的……他们一天都有 24 小时。但是现实中总有一些人觉得时间不够用，而另外一些人则闲得无事可干。因此，对于每一位成功者来说，时间管理是非常重要的一环，每一分钟失去以后就永远也不会回来，所以要利用好每一分钟，不要浪费哪怕是一秒钟。

在美丽的草原上，曙光刚刚划破夜空，一群羚羊从睡梦中惊醒。

"新的一天开始了，我们得抓紧时间跑，如果被猎豹发现了，就可能被吃掉！"于是，羚羊群起身向着太阳升起的方向飞奔……

几乎在羚羊群奔向远方的同时，一只猎豹也惊醒了，它起身摇摆了几下，壮实的身躯抖去身上的灰尘，"已经有两天没吃东西了！我得立即开始寻找昨晚没有追上的猎物。如果今天还追不上它，我可能会饿死！"猎豹望着太阳升起的方向，大吼一声，狂奔而去……

就这样，每当一天刚刚开始，草原上便出现了一幅壮观的景象：

猎豹紧紧追赶着羚羊群，它们各自拼命地奔跑，在它们身后扬起滚滚黄尘……

这场追逐的结局只有两种情况——羚羊快，猎豹可能会饿死；猎豹快，羚羊就会被吃掉……但是，哪怕羚羊只比猎豹早跑上 30 秒，就有可能保全性命，这 30 秒就意味着羚羊或猎豹是活着还是死去……

对于羚羊和猎豹来说，时间就是他们的生命，他们不争夺那可贵的 30 秒，就意味着他们的生命即将结束。

古往今来有多少帝王将相、仁人志士都是从小就抓住大好时光奋发图强、刻苦努力最终成其伟业的。唐代大诗人李白年少贪玩，后因"铁棒磨成针"的教诲而奋进，最终名垂千古。诺贝尔物理奖获得者、美籍华人丁肇中，20 岁时到美国密执安大学深造。他学习勤勉，毅力顽强，很珍惜时间。他宁可把整天的时间用于在图书馆里看书，也不愿将时间浪费在那些无谓的事情上。他常对人说："最浪费不起的是时间。"利用好时间，是丁肇中成功的秘诀之一。

时间伴随着我们的一生，我们可以自由支配。然而我们当中的很多人都忽视了时间的在无情地消逝。我们需要做的是学会管理好自己的时间：我们无法阻止时间的流逝，但是我们可以利用时间。我们要成为时间的主人，而不是成为时间的奴隶。

有一个著名的三八理论：八小时睡觉，八小时工作，这个人人一样，而人与人之间的不同是在于另外八个小时是怎么度过的。时间是最无情的东西，每人拥有的都一样，非常公平。但拥有资源的人不一定成功，善用资源的人才会成功。利用时间图生存、求发展，这是21世纪对人才的要求。

陶渊明诗云："盛年不重来，一日难再晨。及时当勉励，岁月不待人。"岳飞在《满江红》词里大声疾呼："莫等闲，白了少年头，空悲切！"在人的一生中，时间是最容易流失的。时间将贯穿于每个人的一生。我们的生命的价值及意义的体现不可能脱离有限时间的束缚，这样，对时间的认知和应用它来创造价值的能力就显得非常重要。

既然每一分钟的时间内都包含着这么多的价值，应该怎样有效地使用每一分钟呢？

1. 给每天要做的事情列出一个时间表，并且把这些事情按照重要性依次排列。最重要的事要在精力最充沛的时间内去做。

2. 投入工作的动作要快。不要总是拖拖拉拉，要对工作的要求了解清楚，并且很快地做完，不要在工作中多耗时间。

3. 做事最好一鼓作气，不要总是停停歇歇、断断续续。

4. 不要让那些酗酒、闲聊、睡懒觉、说空话、毫无意义的玩乐来浪费你的时间。

珍惜时间不仅要有效利用每一分钟，来做好应该做的工作，更是要明白什么是有价值的工作，什么是没有价值的工作。对于一些没有多大价值的工作，根本就没有必要去花费很多的时间和精力。我们要把自己的精力都投在那些有价值的工作上，对于没有价值的工作要及时放弃，不要让这些事情占用你宝贵的时间。

对于没有价值的工作，你必须拒绝它们。因为：

1. 不值得做的事情会给你误导。你认为已经完成了一件很好的事情，其实你只是在白费力气。

2. 不值得做的事情会消耗你的时间和精力。由于你的精力毕竟是有限的，如果在这件事情上面浪费了很多时间，在另外一件事上你就没有充裕的时间可以利用了。

3. 不值得做的事情会让你入不敷出。你已经花费了大量的经费，你的时间和精力都是有价值的，但如果所做事情的结果不尽如人意，你的投入便没有回报。

4. 不值得做的事情往往没完没了。因为一件事情常常会牵扯到很多的人力、财力、物力，既然你已经开始起步，可能就会有很多连续的事情伴随而来。

成功从珍惜时间开始！我们每个人都应该珍惜时间，充分利用时间，实现自己的人生价值！

（六）敢于冒险才能成功

无论你做什么事情，总会承担或多或少的风险。开车就有撞车的风险，应聘工作就有录取不上的风险，游泳就有溺水的危险，考试就有不通过的危险，求爱也有被拒绝的危险……所有的成功人士几乎都有一个共同的特点：就是他们不怕承担失败的风险。每一次尝试都伴随着失败的风险。

冒险，曾经是一个不太光彩的词儿。过去曾经给这个词语赋予了鲁莽的色彩。也曾经给这个词语赋予投机取巧的色彩。其实，冒险和成功常常是相伴的，尤其是现代社会，冒险精神更为竞争所必须。

人生本身就是一场冒险。那些希望一生宁静、平安的人不敢冒险，也不会冒险，这样的人永远也不会有太大的成功。

不冒点风险，哪来出人头地的机会呢？很多时候，成功的机会是同风险叠合在一起的。要想抓住成功的机会，就得冒一点风险，否则，就会丧失许多可能是人生重大转折的机会，从而使自己的一生平淡无奇，毫无建树。

冒险是表现在人身上的一种勇气和魅力。经验告诉我们：冒险与收获常常是结伴而行的。哥伦布如不航海探险，能发现新大陆吗？达尔文不亲身探险，搜集资料，能完成巨著《进化论》吗？是的，险中有夷，危中有利，要想有卓越成就就应当敢于冒险。作为职场中的一名员工，既有成功的欲望，又敢于冒险，就不能够实现伟大的目标呢。风险与机遇总是联系在一起，在关键时刻把握机遇，必能成功。如你总是希望成功又怕风险，那么对不起，成功将会从你身边一次次地溜走。

纵观历史，我们便会发现，一个民族的振兴，一个国家的繁荣，都是与发扬冒险精神分不开的。如果没有一大批冒险家去美国西部创业，美国就不会有今天繁荣的经济。对于个人来讲，冒险常常是成为强者的必由之路。在很多情况下，强者之所以是强者，就在于他们敢为人先。总是沿着平坦的大道走的人，很难创立大业，因为沿着这条路走的人实在太多，很难出类拔萃。

犹太人被世界公认是非常精明的，但与此同时，他们也是敢于冒险一族。有一个故事颇能说明问题：犹太人约瑟夫在 1835 年投资了一家小型保险公司，但是在他投资不久，纽约就发生了一场特大火灾，很多同行心慌手乱，认为自己这次赔大了，纷纷低价转让自己的股份。这时约瑟夫剑走偏锋，出人意料地买下了这所公司全部股东的股份。这真是一场很大的赌博。然而在完成理赔后，他公司的信誉突然增加了，虽然约瑟夫把保险金提高了一倍，但很多新的客户却很放心地在他这投保，约瑟夫由此也发了大财。每一次风险都隐藏着许多成功的机会，风险越大生意越大。只有敢于冒险的人，才会赢得财富。

　　世界首富比尔·盖茨哈佛大学没有毕业就去创业，这在世人的眼里可以说是一个叛逆的决定，也是一种冒险。然而正是这种冒险精神，使得比尔·盖茨最终抓住了时机，获得了巨大的成功。同样，新东方的创始人俞敏洪，原本是北京大学英语系副教授，这在一般人的眼里已经是成功人士了。但是，他从北大辞职去做他的新东方，这在当时人看来的确是难以理解的，正是这种冒险精神，成就了俞敏洪辉煌的事业，成为最为成功的文化教育产业的先锋。由此可见，要想成就一番伟业，没有一定的冒险精神是难以实现的。

　　吉姆·伯克晋升为约翰森公司新产品部主任后的第一件事，就是开发研制一种儿童所使用的胸部按摩器。然而，这种新产品的试制失败了，伯克心想这下可要被老板炒鱿鱼了。

　　伯克被召去见公司的总裁，然而，他受到了意想不到的接待。"你就是那位让我们公司赔了大钱的人吗？"罗伯特·伍德·约翰森总裁问道，"好，我倒要向你表示祝贺。你能犯错误，说明你勇于冒险。我们公司就需要你这种有冒险精神的人，这样公司才有发展的机会。"

　　数年之后，伯克本人成了约翰森公司的总经理，他仍然牢记着前总裁的那句话。

　　美国一家大公司的总裁说得好："冒险精神具备与否，实际上是一个员工思考能力和人格魅力的表现。"作为一个员工，只有你把冒险精神投入到工作中去，你的老板才会感觉到你的努力。

　　纵观那些辉煌成功人士的背后，我们可以发现他们都有一个共同的特质，那就是敢于冒险。冒险在某种程度上意味着成功的开始。

　　一位记者在采访林肯的时候问过这样一个问题："据我所知，前两届总统都曾经想要废除黑奴制度，当时也起草了这样的文件，可是他们始终都没拿起笔签署这个决议。请问总统先生，他们是不是想把这一伟业留下来，给您去成就英名？"林肯笑着说："可能有这个意思吧。不过，如果他们知道拿起笔来签署这个决议需要的仅仅是一点勇气的话，我想他们一定会非常懊丧的。"

当然这里所说的冒险并不是像赌徒那样，完全把宝押在"运气"上面。冒险需要有理智的判断，而不是凭运气的降临。如果一点可能性都没有，就冒失的干起来往往会一败涂地，这样不是冒险，而是盲动，有时简直就是一种自杀行为。所以冒险要建立在一种科学分析、理智思考和周密准备的基础之上。

人生在于创新，创新必然包含着冒险。然而对于安全感的需求，使许多人放弃了冒险。只有少数人敢于冒险，敢于向明天、向未来挑战。他们做了生活的主宰、时代的弄潮儿。他们拥抱了成功、快乐、幸福和财富。

敢于冒险，是挑战成功的第一步。敢冒最大风险的人，才能抓住成功的机遇，才能在芸芸众生中脱颖而出，才能为自己的事业成功打下牢固的基础，才能进一步实现自己人生最大的价值。

（七）从基层起步　从小事着手

很多人在工作一开始就立下远大的志向，一心想做出一番惊人的大事业，而他的眼光却只停留在那些大事上，对于身边的一些小事情不屑一顾，不愿从事一些小而琐碎的工作。

使人疲惫的不是远方的高山，而是鞋里的一粒沙子。大事是由众多的小事积累而成的，干不好小事也就成不了大事。与其好高骛远、自命不凡，不如放下架子、立足眼下，从小事做起，循序渐进，为自己日后的成长打下坚实基础。能把小事情顺利完成的人，才有完成大事业的可能。走好每一步路的人，绝不会轻易跌倒。要想达到最高处，必须从最低处开始。

　　社会有分工，有的人需要从事一些高端的工作，有的人需要从事一些低端的工作，我们不能因为从事一些不起眼的工作而丧失工作热情，失去进取的动力。社会如同一架庞大的运转的机器，我们每个人所从事的工作都是这架机器上的一个必不可少的环节，缺少了哪一个环节，这架机器就会出现问题，以致停止运转。

　　我们所从事的各种各样的工作，不论大小，都很重要。科学家所从事的科研工作固然重要，而生产科研设备的工人们的工作同样重要。没有科研设备，科学家就无法进行科研工作，如果工人们生产出来的仪器设备质量不合格，即使是一个细小的瑕疵，也会给科学家的工作造成重大的误差，使他们多年的心血付之东流。

　　一位成功的职场人士说："在我的职业生涯中，我的第一份工作是在车间度过的，就是坐在机器旁剔除流水线上的残次品，每天工作近10个小时，而且大部分是在晚上工作，非常辛苦。当时，与我一同来公司的10多位大学生吃不了这份苦，都跳槽了。

　　"我觉得做任何事情都得有一个过程，想一步到位肯定是不行的，而车间确实又是锻炼人的好地方，于是我就一心一意地干了下去。结果，半年后我就当了部门经理，老板对我的评价是能吃苦、爱钻研、肯干，是个值得依赖的人。再看当初与我一起来的那些大学生们，虽然一些人也混得不错，但大多数仍然还是老样子。"

　　如今，想找个理想的工作不是那么容易，这除了与整个大环境有关外，也与许多求职者心态不正确有关，即好高骛远、自命清高，大事做不好，小事不愿做，因此错过了许多好的机会。

　　无论你是硕士也好，博士也罢，如果不能在工作中体现你的知识和技能，一切都毫无意义。工作是检验一个人价值、能力、作用的最好场所。与其好高骛远、自命清高，不如放下架子，从小事做起，循序渐进，为自己日后的成长打下坚实基础，为谋求更大的发展机遇增添筹码。放下学历、背景、身份、地位的包袱吧，让自己回归到普通人的行列中来，不在乎别人的目光和议论，大胆地从基层做起，从基础工作做起，这样，就业之路才会越走越宽，越走越顺畅。

人生的目标贯穿于一个人整个生命过程中，你在工作中所持的态度，使你与周围的人区别开来。日出日落，朝朝暮暮，它们或者使你的思想变得更加开阔，或者变得更加狭隘，或者使你的工作变得更加高尚，或者变得更加低俗。的确，有这样一些工作，它们看上去并不显眼，也不高雅，工作环境也很差，人们似乎也不太关注它。然而，我们千万不能因此而轻视这样一份工作，我们要用这样的尺度衡量它：只要它是有用的，就值得去做。当一名仓库管理员并不是什么不光彩的事，但如果你没有尽到责任，让物品丢失，那才是不光彩的事。

《福布斯》杂志创始人福布斯说过："做一个一流的卡车司机比做一个不入流的经理更为光荣，更有满足感。"没有不重要的工作，只有看不起工作的人。在工作中，你的工作态度决定了你的工作前景。无论你手头上的事是多么的不起眼，多么的琐碎，你只要认认真真地去做，就没有人能贬低你，你就一定能一天天地靠近你的理想。

你要知道要想达到最高处，必须从最低处开始。

在很多的时候，我们都在为一些小事而忙碌，我们开心不开心，常取决于这些小事做得是否到位。很多人不愿意做具体的事，对小事和细节不以为然，一心想着去做大事。可是，一个连小事都做不好的人怎么能做成大事呢？

做好每一件简单的小事就是不简单，做好每一件平凡的小事就是不平凡。在工作中，没有任何一件事情，小到可以被抛弃；没有任何一个细节，细到应该被忽略。同样是做小事，不同的人会有不同的体会和成就。不屑于做小事的人做起事来十分消极，不过是在工作中混时间；而积极的人则会安心工作，把做小事作为锻炼自己、深入了解公司情况、学习公司业务知识、熟悉工作内容的机会，利用小事去多方面体会，增强自己的判断能力和思考能力。

皮尔·卡丹曾经对他的员工说过："如果你能真正地钉好一枚钮扣，这比你缝出一件粗制的衣服更有价值。"从事不起眼的工作，其实正是大事业的开始。能否有这样的理念，意味着一个人能否有长足的发展。

很多人都听说过邮递员弗雷德的故事。弗雷德是一名邮递员，是美国成千上万名职员中普通的一员，然而就是这样一个默默无闻地做着社会底层工作的人，在美国却家喻户晓，被很多公司管理者和职员奉为榜样。这是为什么呢？是因为弗雷德对自己工作的积极态度。弗雷德的事迹深刻地说明：每件小事都值得我们努力去做。在平凡的岗位上，兢兢业业，付出全身心的努力，同样可以成就一番不平凡的业绩，同样会得到别人的尊重。

不管你在做着什么样的工作，都要从工作本身去理解，把工作看成你人生的权利与荣耀。别轻视你做的每一件事，哪怕是一件小事，你也要竭尽全力、尽职尽责地把它做好。

所有的成功者，与我们一样，都做过同样简单的小事，惟一的区别就是，他们从不认为他们所做的事是简单的。你要记住，一切成功都是从小事开始的。

（八）坐而言　不如起而行

"坐而言，不如起而行"这句话出自《荀子·性恶》。意思很明白，与其坐着说，不如站起来去做。其实，这也是日常生活中众所周知的道理，"说得好，不如做得好"、"是骡子是马，拉出来溜溜"、"出水才看两腿泥"等日常谚语就是对"坐而言，不如起而行"的生活注释。

所谓"坐而言"就是坐而论道，夸夸而谈，只说不做，只讲不练；说起来头头是道，做起误人误事，误党误国。

战国时代赵国名将赵奢之子赵括，与人谈起打仗，侃侃而谈，让人折服。赵奢死后，赵王见赵括是名将之后又能说得头头是道，便重用他为主将。结果，长平一战，不但自己葬身战场也葬送了赵国。

和赵括一样，自诩为"百分之百的布尔什维克"王明，从苏联回国以后，满嘴的都是马克思主义，盲目照搬苏联经验，瞎指挥，结果贻害红军，祸害党的事业。

赵括这类人的共同特点是：盲目地坐而言，而不愿意起而行去实践。其实，没有经过实践的理论，即使再美丽，也不过肥皂泡而已。

非赵括如此，其实，自古以来，当评论家者众，而当实践家者寡。古人云："非知之艰，行之惟艰"。知易行难是古代认识论里的一个基本观点。

说话做事应当干净利落而果断，不可拖泥带水。有的人做事说话，"下笔千言，离题万里"，绕了大半天，还没能切入主题。现代人的生活节奏快，谁又有那么多的闲工夫陪你绕圈子，所以要求自己说话言简意赅，行事干净利落。坐而言远远不如起而行。

某地一群老鼠，深为一只猫所苦。一天，老鼠们聚集一堂，就如何解决这个心头大患，展开了讨论。其中，一只老鼠的提议引起满场喝彩，它建议在猫身上挂个铃铛，如此一来，当猫接近时，老鼠们就可预作准备。然而，在一片喝彩声中，有只老鼠低声问道："那么，谁来挂铃铛呢？"当场众老鼠们哑口无声。老鼠之所以难逃猎杀之灾，原因在于他们只做到"坐而言"，却未能"起而行"。

研究对策是必要的，但是一味地去研究而不行动，即使你研究出的策略是正确的，等到你要实践时，情势早已变化了。

做决策当然要收集、分析资料，研究客观情势，作出决定。收集完整而详尽的资料是必须的，但机会不容许你花费太多时间去收集资料，你必须就手中现有的资料作出决策。即使作出的决策会有错误，但总比失去机会来得好。

光说不做的人，最不得人心！大家也不是笨蛋，被骗一次之后，就会开始有戒心，对于这种人从此大打折扣，能够取得别人的信任不容易，除了要忠实、诚恳、负责任之外，还要真正地付诸行动，才算大功告成，只要缺这临门一脚，所有的努力都会化成乌有，因为再怎么完美的计划，一定要实行才算数。

行动力佳的人，是抢得先机的高手。很多人倾毕生之力去经营一个大计划，最后莫名其妙地失败了，很大的原因可能都是没有行动力造成的。

高尔基曾说："把语言化为行动，比把行动化为语言困难得多。"事实正是如此，我们常听见有人说："我当时真应该那么做，但我却没有那么做，现在真是后悔莫及啊!"可是，当时你为什么不那样做呢？

有这样一个人，一直想到首都北京旅游，于是制定了一套详尽的旅行计划，他甚至在地图上标出要观光的每一个地点，制定了详细的日程表，连每个小时去哪里都订好了。

一段时间以后，到他家做客的朋友纷纷问他："北京怎么样?"他回答："北京是不错的，可我没去。"朋友惊讶地问道："啊? 你做了这么详尽的准备竟然没去?"

他回答："我是喜欢制订旅行计划，但还没有出去的机会。"朋友们终于明白。单凭异想天开，是无论如何也到达不了目的地的!

　　懒惰的人喜欢给自己找借口，总想把今天的事情拖到明天，明天的事情又拖到后天，这样做的结果通常都是一样——逐渐消磨人的意志，使人变得越来越懒惰。

　　每个人的生命是有限的，时光会在不知不觉中一分一秒地溜走。抓住一分一秒对计划好的事情马上行动，你就会收获点滴的进步，这些点点滴滴的进步汇集起来，才能形成宏大的业绩。与其坐而言不如起而行，不要把今天的事拖到明天，明天还会有明天的事。

第七章　借助外力　运筹帷幄

（一）不要"万事不求人"

前几年，社会上流传着"万事不求人"的话语，被很多年轻人奉为经典而津津乐道。客观来讲，这种观点是要求人能够独立、自立、自强不息，这是好的一面。但是，要真正在现实中做到"万事不求人"是绝对不可能的。因此，要想成功，必须抛弃这种"万事不求人"的旧观念。

"万事不求人"虽然看起来是一种非常独立的行为，表现出自己的大智大勇，能够一个人解决所有的困难，但是，如果以这样的思想为指导，就会陷入自我孤立的泥潭。总是觉得自己能够解决所有的问题，就不愿接受别人的帮助，也根本不会想到去帮助别人，这等于自己将自己孤立起来了。

有人认为："上山打虎易，开口求人难。"总觉得求助于人是一件难以启齿的事情。其实，求助于人并不是如他想像的那么难，每一个人都渴望和别人交流，没有人喜欢将自己封闭起来的。

如果你去求人帮忙，首先说明你对他的尊重和承认。一般情况下，只要你的要求合理，别人一般都会帮助你的。我们无法想像出一个真正能"万事不求人"的人：如果你是一个学生，你有一些题不会做，需要请教你的同学或者老师；如果你是一名新职工，有一些工作程序不熟悉，需要请教你的同事；如果你在工作和生活中遇到了不能够解决的问题，需要你的朋友来帮忙；如果你在一个城市中迷路了，需要请别人来为你指路。在社会交往中，我们总会有求助于别人的时候。这是社会专业不同的分工所决定的，没有人能够包办一切。没有必要因为自己去求别人而怀疑自己的能力。

在生活中和工作中，有很多时候我们需要求助于人，但是求助于人并不是一件丢脸的事情。

如何求助于人是一门学问。在实践中要注意以下几个方面的问题：

1. **请求用语不可少**。我们通常使用的请求用语，有"请"、"劳驾"、"有劳您"等一些词语。这些看似简单的词语，实际上既反映了一个人的自身修养，也反映了人与人之间应该具有的相互尊重和相互平等的关系。

所以无论要求别人做什么，都应该"请"字当先。如果你有疑难需要别人指点，应该说："我想请教一个问题"；'如果你在商店里买东西，应该对营业员说："请您拿给我看看"；如果你要问路，应该以"请"开头。即使在自己家里，当你需要家人为你做事时，也应该多用"请"字。一定要养成多用请求语气的良好习惯。

2. **态度要真诚**。向别人提出请求时，要态度谦卑，语气恳切。向别人提出请求时，无须低声下气，但也不能居高临下，而应当是语气恳切，平等相待。因为你在提出请求时，对方并没有义务非得按你所说去做。即使是你邀请同学到你家去玩儿，也应说："请你今天下午到我家去玩好吗？"你没有理由摆出一副施恩于人的样子。

3. **表述方式要合适**。向别人提出请求时，要事先表示歉意，表明自己的请求可能会给对方增添麻烦，如："对不起，请问……"；"很抱歉，能不能麻烦您……"。这样，在表示歉意之后，再提出请求，更容易让人接受。

4. **做好被别人拒绝的思想准备**。如果你提出的请求，被对方拒绝了，这时你应当理解、谅解，不能强人所难；也不能因为人家拒绝了你的请求，就给人家脸色看。接受请求与不接受请求完全是别人的自由，而你同样应该表示谢意，否则便是失礼的表现。

（二）走自己的路 也听别人怎么说

在文艺复兴时期，伟大的诗人但丁就曾经对世人说："走自己的路，让别人去说吧。"这句话直到今天仍然是很多人生活中的座右铭。在现实生活中，每一个人都具有自然属性和社会属性，所以每一个人的周围都有无形的规则在约束着你。在某种意义上这对于社会的建设是一件好事情，但具体到个人来讲，有时候却常常能够使人陷入被动的境地。所以，人们相信这句格言：走自己的路，让别人去说吧。

的确，走自己的路，不管别人怎么说，是人生应该有的态度。如果你在做每一件事情之前总是担心别人的反应如何，你就会瞻前顾后，放不开手脚。别人的眼光和言论成为套在你头上的紧箍圈，只要他们向你投来异样的眼光或者在后面说几句闲言碎语，你就会如坐针毡般地难以忍受。这样你永远都无法成熟起来，这样你只能成为别人的奴隶。

比如想要追一位女生而不敢行动，因为害怕别人的议论；不敢穿自己喜欢的衣服，因为害怕别人笑你出风头。这种对别人的言论和眼光极其敏感的做法，实际上是一种缺乏自信的表现。这是一个无形的牢笼，束缚着你的手脚。如果想要成功，你就不应太在乎别人的眼光和言论。自己的机会一定要自己去争取，不要作别人的奴隶。如果总是生活在别人的阴影里而难以自拔，这样的人生注定是要失败的。所以要活出真我，要珍惜自己拥有的，大胆追求自己喜欢的，努力实现自己的理想，不要被别人的眼光和言论左右。

几个人在岸边垂钓，旁边有几名游客在欣赏风景，只见一名垂钓者竿子一扬，钓上了一条大鱼，足有三尺长，鱼落在岸上后，仍然腾跳不止。可是垂钓者却用脚踩着大鱼，摘下鱼嘴内的钓钩，顺手将鱼丢进水里。

围观的人群中响起一阵惊呼，这么大的鱼还不能令他满意，可见垂钓者雄心之大。就在众人屏息以待之际，垂钓者鱼竿又是一扬，这次钓上的是一条两尺长的鱼，垂钓者仍是不看一眼，顺手扔进水里。第三次，垂钓者的钓竿再次扬起，只见鱼线末端钩着一条不到一尺长的小鱼。围观的众人以为这条鱼也肯定会被放回，不料垂钓者却将鱼解下，小心地放入自己的鱼篓中。

围观者百思不得其解，就问垂钓者为何舍大而取小。想不到垂钓者的回答是："因为我家里最大的盘子不过一尺长，太大的鱼拿回去，盘子也装不下。"

这个故事告诉我们：人活着不能没有目标，否则将始终处于混沌迷茫之中。但是，更为重要的是，要有适合自己的目标，否则，将永远挣扎于不满足之中。要学会做自己的主宰者，做生活中的智者，做人生旅途的设计者，在千万条道路中走出属于自己的一条。

但是，如果只是走自己的路，而对周围的意见一概不加听取，也会有脱离群众的危险。一个人生活在纷繁复杂的社会环境中，能够排除别人的干扰，不瞻前顾后，坚持走自己所选择的道路，这确实让人敬佩。从这个角度上讲，"走自己的路，让别人说去吧"值得提倡。但当自己无法做出正确的选择，或者对自己的选择存有疑惑时，听听同事、朋友的意见，无疑是非常必要的。

俗话说："三个臭皮匠，顶个诸葛亮"。一个人不管有多么聪明，对问题的看法也不可能做到事事正确，即使对问题的看法正确，在实战的过程中也未必就能做到无懈可击，而其他人的意见恰恰能够弥补这些不足。古人云："智者千虑，必有一失；愚者千虑，必有一得。"再愚钝的人也有可能想出一个好办法，再聪慧的人也难免有失误之处。我们并不是在讥笑智者百思之后仍然不能避免的"一失"，而是在提醒大家，应当注意愚者的"一得"。不能随随便便地认为某某人蠢笨，不会想出什么妙招，因此而瞧不起他人。任何人都有自己思维的独到之处。无论你多么伟大，多么不同寻常，也应该注意听听别人的意见。其实，越是伟大的人越应注意听听别人的意见。毛泽东的"群众路线"不正是很好的体现吗。"从群众中来，到群众中去"，广泛地联系群众，实行民主集中制。因此，从这个意义上说，别人的意见也是一笔财富，它能使我们集思广益，抛弃那些带有局限性的想法，不断地校正自己前进的方向，避免因意气用事而走成弯路，正可谓"兼听则明"；听取别人的意见，也表明对他人的尊重，有利于维护朋友之间亲密友善的关系，使自己获得一个好人缘。

要指出的是，善于听取别人的意见，最后还须落实到走自己的路上，而不能为他人意见所左右。如果对别人的意见不加辨别，不论对错一概盲从，失去了"主心骨"，为人处世同样也很难获得成功。也就是说，不能把别人的意见当成路标和拐杖，而要当成一面镜子，不断对照检查自己的言行，有则改之，无则加勉。这样，我们才能走出真正属于自己的成功之路。

（三）懂得如何利用你的对手

对手是什么？

如果说你是一枚硬币的正面，那么你的对手就是硬币的另一面。让这枚硬币从空中抛下，只有一面可以朝着阳光，也就是说他与你总是背道而驰。虽然不是兵戎相见，虽然没有多少共同的语言可言，但如果失去了一方，另一方的存在就是毫无意义的。因此尊重你的对手，尊重你们之间的游戏规则，就是尊重你自己。

1972 年，水门事件最初被《华盛顿邮报》披露。为了表示惩罚和恐吓，总统尼克松只接受《华盛顿明星新闻报》的独家采访，而把邮报记者赶出了白宫。机会就这样无声无息地摆在了《新闻报》的面前。就在这时，《新闻报》却发表了一篇大大出乎白宫意料的社论，称它不会作为白宫泄私愤的工具来反对自己的竞争者，并言词确凿地说：假如《邮报》记者不能进入白宫，他们也将停止采访该机构。

这样的对手，这样的竞争，无论过去多少年想起来都会令人肃然起敬。物竞天择，如果不是处在同一个起跑线上，那么尽管你取得了胜利，也是没有多少意义的。好的朋友难找，而好的对手似乎更难找到。生活中，人们总是喜欢找比自己棋艺更高的人下棋，而对比自己差的人不屑一顾，原因就是能真正打败你的人如果败在了你的手下，会让你产生某种成就感；即使失败，也是虽败犹荣。只有这样你的棋艺才会蒸蒸日上。如果有一个好的对手，你更要好好珍惜他，甚至热爱他。他会在你不经意之中给你某种中肯的启迪。而这种启迪可能会让你受益终生。

然而现实的生活犹如万花筒，人们的心灵正在经受着前所未有考验，它带给人们的思考总是深刻的，在让人难忘的同时，也往往生出几许悲悯。因为在当今的市场竞争中，几乎不能找到堪称楷模的竞争对手。相反，在竞争中给对手出难题、"射暗箭"、"使绊子"，乃至互相拆台制造丑闻的小动作却比比皆是，颇为流行。而所有的这些，都无一例外地被看成是市场竞争意识强烈的表现。不知道这是不是一种悲哀。

和对手之间最普遍的感情就是"仇恨"，如果我们强调"有仇不报是君子"，你一定会觉得真是岂有此理，有仇怎能不报？那么，让我们首先来看看一个人"报仇"所需要的投资。

精神上的投资——每天计划"报仇"这件事，要花费很多精力，想到切齿处，情绪的剧烈波动，有可能影响到身体的健康。

财力上的投资——有人为了报仇而投下一生的事业，大有"玉石俱焚"的味道，就算没投下一生的事业，也要花费不少的财力。

时间上的投资——有些仇不是说报就能报，三年五年，八年十年，甚至二十年都有可能报不成，就算报了，自己的美好年华也已随风而去。

由于"报仇"一事投资颇大，而且还不一定报得成，同时会使自己元气大伤，因此我们还是主张"有仇不报"。一个成熟智慧的人应该懂得轻重，知道什么东西对他有意义、有价值。"报仇"这事虽然可消去"心头之恨"，但随着"心头之恨"的消失，也可能会失去了自己，所以"君子"有仇不报。不但要有仇不报，还要学会爱你的对手。

当然，这是件很难做到的事。因为绝大部分人看到"对手"都会有灭之而后快的冲动。即使环境不允许或者没有能力消灭对方，至少也会保持一种冷淡的态度，或说说让对方不舒服的嘲讽的话语。

就因为存在困难，所以人们的成就才有高下之分。能当众拥抱对手的人，他的成就往往比不能爱对手的人要高。能爱自己的对手的人能站在主动的地位，采取主动的人能"制人而不受制于人"。你采取主动，不只迷惑了对方，使对方搞不清你对他的态度，也迷惑了旁观者。旁观者搞不清楚你和对方到底是什么关系，只有你自己心里才明白。

所以当众拥抱你的对手，除了可在某种程度内降低对方对你的敌意外，也可避免恶化你与对方的关系。换句话说，两者之间，留下了条灰色地带，免得敌意鲜明，阻挡了自己的退路。

而最重要的是，爱你的对手这个行为一旦做了出来，久而久之会成为习惯，使你和人相处时，能容天下人、天下物、天下事，出入无碍，进退自如，这正是成就大事业的本钱。

所以，竞技场上比赛开始前，二人都要握手敬礼或拥抱，比赛后也照样再来一次，这是最常见的当众拥抱你的对手；另外，政坛上的人物也惯常这么做，明明是恨死了的政敌，见了面仍然要握手寒暄……

金庸先生在他的《神雕侠侣》中塑造的独孤求败是一个打遍天下无敌手的人，他一生中最大的愿望就是找到一个能够打败自己的人，为了找到这样一个人，他苦苦等待和寻觅。由此可见，在独孤求败的眼里，没有对手是一件令他十分痛苦的事情。其实不仅仅是独孤求败，很多的人都是因为没有对手而感到很孤独的。因为对手并不总是时时对立的，有时候你的对手就像你的朋友一样会教给你很多的东西。

有时候你的对手使你明白的道理比你的朋友所告诉你的还要多。因为你和你的对手在竞争的过程中其实也是在互相学习。毛泽东和蒋介石相互斗争了一辈子，其实也是互相研究了一辈子，两个人都在运用自己的长处同对方的短处竞争。中国三国时期的诸葛亮和司马懿也是如此，没有人比司马懿更了解诸葛亮，也没有人比诸葛亮更了解司马懿。智者在对手身上学到的东西比愚人在朋友身上学到的东西更多。许多人之所以伟大，多半是由他们的对手促成的。

所以，你的对手常常是一面镜子，从这面镜子当中你很容易找到自己的弱点和优势，也很容易找到对手的弱点和优势，通过不断地较量，你们相互促进相互比较，能够迅速地取长补短。

人们常常说，一个成功的男人背后有一个成功的女人，其实只是说对了一半，还有一半就是：一个成功的人面前总有一个实力不凡的对手。而成功者之所以成功，不仅仅是因为有这样一个势均力敌的对手，更重要的是懂得如何利用对手来促进自己来不断强大。

周围人的奉承有时候比对手的憎恨更为险恶，因为憎恨纠正了奉承所掩饰的错误。审慎的人从对手那里找到一面镜子，它比充满爱意的镜子更为真实和直接，使你看到你的缺点并且及时将其校正。每个人在与对手对面相处时都会变得异常小心谨慎，在这个过程中他会精神高度集中，并且不断地充实自己。拿刀不要抓刀刃，刀刃伤身；但若抓住刀柄，则刀可护身。当你面对你的对手时，对手就像一把刀，而当你抓住了这把刀的刀柄以后，就会为你所用。所以善于利用对手的人往往进步得更快，一个对手对你的促进作用，有时会胜过十个朋友。

（四）懂得说“不”

帮助别人是很多人的信条，因为帮助别人不仅是一种很好的社交方式，使你得到良好的声誉，而且也是一种投资，因为今天你帮助了别人，别人欠了你的人情，总会在你需要帮助的时候来帮助你。但是，在很多情况之下，你需要对求助的人说“不”：当你的同学要求你协助他考试作弊的时候，当你的朋友来请求你去做一些你不喜欢做的事情的时候，当你自己力不从心的时候，你都可以说"不"。

说"不"，不仅仅是一种对事情的理性判断，更需要很强的能力和艺术性，这需要你准确的判断能力和委婉的表达技巧。在有些时候，你需要委婉地拒绝。因为你答应帮助别人又帮不好，不仅会使自己的信誉受损，有时甚至会让对方产生受骗的感觉。但表达要委婉，尽量不要让你的拒绝伤害到别人的心灵。

你必须明白，你不可能把所有东西都赠给别人，给予和拒绝是同等的重要，因此在应该拒绝的时候一定不要犹豫不决。但是回绝别人的时候要讲究技巧。

"不"说起来很简短，但要说得妥当，却叫人煞费苦心。学会如何说"不"是一门学问。

为什么我们不愿意拒绝别人？

通常情况下面对别人的请求，我们不愿意拒绝别人，可能有以下几个原因：

1. **相信人是互利的**。也就是认为人与人之间是需要互相帮助的。如果这一次我拒绝了别人，那么就等于失去了日后寻求他人帮助的机会。

2. **怕引起别人的不悦或害怕伤害到友谊**。如果我们是一名下属，害怕开口拒绝上司的要求，可能会影响日后升迁的机会；如果是拒绝同事或朋友，则害怕伤害到彼此间的友谊。

3. **替他人着想**。总觉得别人的需要是很重要的，不忍心去拒绝。因此，便接下了一大堆难以负荷的工作。

也就是说，我们在自己的潜意识里经常认为：拒绝是一种罪过，拒绝别人是不好的。由于我们有以上或者是其他的顾虑，使得我们的身心承受着巨大的压力。纵使我们想拒绝别人，却很难开口。而在不情愿的状态下接手的工作，即使是能做得很好，但对双方而言，这样的结果也不是圆满的。中国人的社交方式，最可贵之处，就是充满浓郁的人情味。人与人守望相助，患难相持，固然是我们必须发扬和保持下去的美德；但与此同时，我们也应该体会到，适当的说"不"，也是我们生活中一项必备的艺术。

下面几招，可以恰当地表达你的拒绝

1. 巧设铺垫

对别人的建议或者请求，在需要否定时，你不妨在言语中安排一两个逻辑前提，不直接说出结论，逻辑上必然产生的否定结论留给对方自己去得出。这种方法在面对上级领导时，使用效果比较理想。战国时候，韩宣王欲重用两个部下，故向大臣征求意见。大臣明知重用这二人不妥，但如果直言"不"，可能会冒犯韩王，并且会让韩王误以为自己妒贤嫉能。于是，他便这样表达自己的见解："魏王曾因重用这两人丢失过国土，楚王也因重用他们而丢失过国土，如果我们也重用这两人，将来他们会不会也把我国出卖给外国呢？"听了这话，韩王放弃了原有的打算。

2. 欲进先退

不妨在准备说"不"字时，主动为对方考虑一下退路或补救措施，使他们不至于一下子跌进失望的深渊。有一次，美国口才与交际学大师卡内基不得不拒绝一个演讲邀请。他这样对邀请者说："很遗憾，我实在排不出时间了。对啦，某某先生讲得也很好，说不定他更适合你们。"卡内基向邀请者推荐了一个目前有实力解决此问题的同行，使得邀请者多多少少获得了心理补偿，减轻了因遭拒绝而产生的不满和失望。当我们对别人的要求"心有余而力不足"时，不妨采用这种方法，它可以充分表达我们的诚意，从而得到对方的理解。

3. 假装糊涂

有时为了达到拒绝的目的，不妨装聋作哑。有一次，一位贵妇人邀请意大利著名小提琴家帕格尼尼到她家里去喝茶，帕格尼尼同意了。当然，贵妇人是醉翁之意不在酒了。果然，临出门时，贵妇人又笑着补充说："亲爱的艺术家，我请您千万不要忘了，明天来的时候带上小提琴。""这是为什么呀？"帕格尼尼故作惊讶地说："太太，您知道我的小提琴是不喝茶的。"帕格尼尼通过曲解对方说话含义，把自己的拒绝意思表达得明明白白。这种方法适用于爱玩小手段的狡猾者。

对他人表示反对或拒绝，你一定要有充分的理由，还要注意运用机智应变的技巧。如男人们有时会邀请女人共同赴宴，而一般的女子都会适度地保持矜持，因此，在这种情况下，答案多半是否定的。既然要拒绝对方的邀请，在言词上自然要下一番工夫。但心地善良的你，很可能因此左右为难，不知如何启口。倘若对方是平日一同工作的同事，一旦拒绝，有可能会使以后的工作增加许多困难。

有这样一个例子，有位男子对一位女同事说："欢迎你一同参加！"说着便将音乐会的入场券递给她。这时，这位女子很想拒绝他的邀请，于是顺手从皮包里拿出日记本，打开看了一看说："谢谢你的好意，不过很抱歉，今天我已和别人约定了。"就这样婉言拒绝了对方。

还有一则有趣的故事。有位男子邀请某女子一同饮茶用餐，而那女子却非常机智地回答对方："我非常高兴，谢谢你，但是不是可顺道邀请小王和小张一同前往？因为我们原来约好下班后要一同逛街的。"这样一来，对方不是知难而退，就是大家共进晚餐了。

4. 旁敲侧击

有一个笑话。妻子："亲爱的，格林夫人买了一项帽子，真好看！"丈夫："如果她像你这么漂亮就不用买帽子了。"这个聪明的丈夫通过夸赞妻子的美貌，巧妙地达到了拒绝目的，既讨好了妻子又不需破财，一举两得。

某公司有位专家，因事向领导请假一星期，可领导只给他三天假。领导说："你是个能干的专家，别人需要七天办的事，你三天就能办妥。"专家只好垂头丧气地走出办公室，他若反驳领导的话，无异于承认自己无能。这种拒绝法的高妙之处就在于，如果对方不接受你的拒绝，那就是承认自己不行，又有谁愿意承认自己不如他人呢！

5. 幽默法

第二次世界大战后，为了纪念英国首相丘吉尔在保卫英伦三岛中做出的卓越功绩，英国国会拟通过一项提案，在公园里塑造一尊大型的丘吉尔铜像，让人景仰。丘吉尔不愿搞个人崇拜，他说："多谢大家的好意，我怕鸟儿在我铜像上拉屎，还是免了吧。"听了这一幽默委婉的谢绝后，国会很快撤消了这个提案。

6. 请君入瓮

罗斯福当海军助理部长时，有一位好友来访。谈话中朋友间及海军在加勒比海某岛建立基地的事。

"我只要你告诉我",他的朋友说,"我所听到的有关基地的传闻是否确有其事。"这位朋友要打听的事在当时是不便公开的,但既是好朋友相求,那如何拒绝是好呢?

只见罗斯福望了望四周,然后压低嗓子向朋友问道:"你能对不便外传的事情保密吗?"

"能。"好友急切地回答。

"那么",罗斯福微笑着说,"我也能"。

7. 以堵为防

先发制人,主动出击,使对方在你面前无法开口提出要求。某单位一位司机小张在工作之余,开着公车带着女友外出兜风,不料车在路上出了事。司机便去找单位领导要求用公费修车。单位领导知道小车出事的原因。当司机找他时,他说:"小张是个好同志,一向能按原则办事,我就是喜欢这样的人。"听了领导对自己的表扬,小张不好意思再提出要求,终于把要说的话咽了回去,自己想办法修好了车。

(五) 人际沟通本无术

有一天,有个人来到一户农家。他上前问农夫:"请问,你平日用什么东西喂猪?"

农夫正在吃午饭。他头也没抬地回答:"用吃剩的饭菜呀!"

"抱歉,我是卫生防疫组织的调查员,你用馊掉的食物喂猪,难怪人吃了猪肉要生病,我要罚你1万元。"农夫百般无奈,只好缴纳了罚金。

又过了几天，又有人上门来问农夫："请问，你都用什么东西喂猪？"

农夫记取了上次的教训，急忙回答："我平日都用燕窝、鹿茸喂猪！"

"对不起，我是饥荒贫穷协会的调查员，你用这么昂贵的东西喂猪，你可知道全世界还有多少人在挨饿受冻？我要罚你 1 万元。"

农夫只好又如数交了钱。

又过了几天，又有另外一个人来问农夫："请问你平日用什么东西喂猪？"农夫记取了前两次的教训："我每天给它 100 元，它爱吃什么就自己去买。"

当今人际沟通学十分热门，许多想成功的人希望通过它获得捷径。其实，人际关系并没有捷径，全靠个人的经验和摸索而来。而且会因不同的地区、民族、时代，人们的文化习惯和风俗也有所差异。比如，一个人第一次吃青柿子发现是涩的，就不会再去吃青柿子。和那个农夫一样，面对同样的问题，却有不同的说法，人类也正是因为懂得随机应变才能不断进步。

有一个银行小职员应邀前往新任上司举办的舞会。这位小职员在席间邀请一位陌生少妇共舞，少妇问小职员："你觉得你们的新任上司为人如何？"

小职员回答说："唉，别提了，他又吝啬又小气。"说完还刻意压低声音神秘地说："听说他的太太还红杏出墙呢！"少妇闻言面不改色地说："你知道我是谁吗？""不知道。""我就是你们上司的太太。"

从这则小故事中，我们可以得到一个启发，背后损人是不应该的，在与人交往时要懂得随机应变，察言观色，在不同的场合对不同的人说不同的话。

要想有良好的人际关系，良好的社交礼仪是必备的，一般应注意下列事项：

1. 时常关心他人。对他人的穿着服饰、工作等方面不要吝于赞美。

2. 主动与他人打招呼。

3. 多谈些他人感兴趣的话题，同乡、同校、同宿舍这类话题千万不要放过。

4. 发言时先征求对方的意见，若身份高的人则要请他先发言，尊重对方发言的习惯。

5. 少替他人出馊主意，应给予善意的建议。

6. 选择对方家人高兴的礼物。逢节日或应邀需要赠与对方礼物时，不如选择他的家人都会喜爱的物品，这样，他们都会很喜欢你。

7. 不避讳谈及自己的失败。

8. 记住对方具有"重要意义"的日子。如对方生日、获得某项重大成就的日子，届时再体贴热诚地表示祝贺，从此获得他人的好感。

9. 口齿清晰，富有幽默感。你可以多看书、多听广播、多与人交谈以训练你的表达能力。很多电台节目主持人，早期常用收录机录下自己所说的话，再纠正自己的语病。

人际沟通没有定论，只要有自信心，随机应变，遵守诚、善、信三个大原则，纵然你没有闭月羞花的容貌，没有学富五车的才识，也可成为人际沟通的高手！

（六）放下身段

身段是一个人自恃的身份，有家世的人觉得自己的身段很高；有学问的人觉得自己不同凡响；有钱财的人觉得自己高人一等；有名位、有才华的人，认为自己比较有尊严，并借此来抬高自己的身段。所以，博士不愿意当基层业务员，高级主管不愿意主动去找下级职员，知识分子不愿意去做"不用知识"的工作。他们认为，如果那样做，会有损他的身份！

其实这种"身段"只会让人脚下的路越走越窄。这并不是说有"身段"的人就不能有得意的人生，但我相信，在非常时刻，如果放不下身段，就会使自己无路可走！如果博士找不到工作，又不愿意当业务员，那只有挨饿了。如果能放下身段，那么路就会越走越宽，也没有走不通的路！

隋朝时山东有个有权有势的人叫郑元昌，经常觉得自己很了不起，平时喜欢不懂装懂。有一天，他受邀参加一个宴会，自然是高列首席，宴席准备的饭菜很丰盛，还有许多不同品种的水果。郑元昌不认识石榴，但觉得自己是有地位的人，所以不肯放下架子去请教他人，只是装出内行的样子，连皮啃着吃，只觉得又酸又涩难以下咽，就对这家主人说："这个好像还未煮熟啊，你们得把它再煮一煮才能吃。"这个郑元昌如果能够放下自己的架子，虚心向别人请教，就不会成为别人的笑柄了。

如果想在社会上走出一条路来，就要放下身段，也就是：放下你的学历、放下你的家庭背景、放下你的身份，让自己回归到"普通人"！同时，也不要在乎别人的眼光和评论，做你认为值得做的事，走你认为你值得走的路！司马相如、卓文君放下身段，开小吃店维持生计；范蠡带了西施隐姓埋名，放下身段从商，而成为后来的陶朱公；越王勾践放下身段服侍吴王夫差，终于复国。

社会竞争是残酷的，人生的成败进退都是难以预料的。有句俗话说得好："花无百日红，人无千日好"，你只有放下身段，才能"提得起、放得下"。

世间上的功名富贵原为众人所追求？功名富贵如果能够造福利于社会，也并不是不好，但是如果因缘不具，而在失去功名富贵的时候，也要能放得下。

放下身段，你脚下的路会越走越宽。

有一位留美的计算机博士，毕业后在美国找工作，结果多家公司都不录用他。思来想去，他决定收起所有的学位证明，以一种"最低身份"，再去求职。

不久，他就被一家公司录用为程序输入员。这对他来说简直是高射炮打蚊子——大材小用，但他仍一丝不苟。不久，老板发现他能看出程序中的错误，非一般的程序输入员可比。这时，他才亮出了自己的学士证，老板便给他换了个与大学专业对口的工作。过了一段时间，老板发现他时常能提出许多独到的有价值的建议，这比一般的大学生高明，这时，他又亮出了硕士证，老板见后又提升了他。再过了一段时间，老板还是觉得他与别人不一样，就对他进行"质询"。此时，他才拿出了博士证，于是老板对他的水平有了全面的认识，毫不犹豫地重用了他。

从"低"到"高"，博士只用了两年多的时间。人们在称赞老板有眼力的同时，更欣赏博士不怕被人"看低"，坚持从"低"做起的务实精神。

由此可见，在前进的道路上总会有障碍。在必要的时候，人必须学会放下身段，这并不意味着退缩，而是积累能力，作为取得成功机会的必要准备工作。放不下身段也是一种执著。人活在世上，应追求快乐。快乐源自于放下、自在，不为旁人一句话而恼，不为他人一件事而怒。人生唯有对名利不执著，对权位不执著，对人我是非能放下，对情爱欲念能放下，才能享受随缘的无忧生活。

2003 年 6 月 20 日新华网以《吉林一女大专生放下架子开了三家擦鞋连锁店》为题，报道了一位女大专生放下自己的身段，艰苦创业的事件，在大学生就业高峰时节，这则新闻无疑具有"轰动效应"。

23 岁的袁丽颖在应同学之邀去大连游玩时，发现一家生意兴隆的"现代化"擦鞋店。毕业后她不顾家人的反对，放下身段开起了擦鞋店。她首先找到了擦鞋店的老板，以诚心和吃苦精神感动了他，终于以唯一的女员工身份，在这里当了三个月学徒。回到吉林市，袁丽颖说服父母借给她 2 万元钱，购进了修鞋的机器和擦鞋料，又从大连请来了几个小同行。

半个月后，袁丽颖的擦鞋店正式开张了。可第一周一个顾客也没接到。为了招揽生意，她制作了上百张会员卡，到小区里挨家挨户地发送。经过一番宣传以后，生意逐渐进了门。现在一般店里不敢接的活儿，袁丽颖都能接，生意一天天红火起来。由于技术过硬，服务态度又好，很多人甚至开车到她的小店里来擦鞋、修鞋。3 个月后，袁丽颖又开了两家分店。

袁丽颖这样的选择和举动可以说让她的家人和朋友，以及整个社会都十分吃惊。因为在父母眼中，他们辛苦养大的女儿怎么也得有个"体面工作"，怎么能做只有下岗人员或民工才做的擦鞋工？这是他们无论如何也不能容忍的。作为一般的人，也觉得有些反常，因为在人们的意识中，高校毕业的学生一般都是有文化有知识的人，应该去做一些比较有层次的工作，可这位大专毕业生却当起了擦鞋工，他们觉得很奇怪！这说明，在人们的眼里，工作是有等级之分的，什么工作由什么人来做，大家心里都有个谱儿。你不按照规则来，大家就觉得奇怪，或以为你高明、"有身段"；或以为你差劲、"掉身段"。

但是袁丽颖迈出了成功创业的第一步，足可以让人们对"身段"的含义作出重新思考。

　　在工作中，也许你是团结合作的蜜蜂，不仅自己能够任劳任怨地做好自己的事情，还能够配合整个团队，把自己的事情融合在团队之中，深受别人的欢迎。但你不应该以此来确定你的身段，你不应该讨厌某一个人，不应该因为自己的成绩而俯视他人。放下身段，你会飞得更远……

　　在困难面前，也许你是毫无惧色的战神，你是勇往直前的斗士，你是大智大勇的奋进者。但是你不要认为周围的一些小事情不值得去做，如果能够放下身段，把这些小事情做好，就会发现这些小事情对你的工作其实很有帮助。放下身段，你会游得更远……

　　在工作中，也许你是目标远大的鸿雁，你的理想在遥远的前方，你要用自己的勇敢和智慧达到自己需要的高度，为自己勾画出人生的宏伟蓝图，但是不要因为远方的大目标而舍弃脚下的小事情，脚下的每一步将会决定你的宏伟目标能否实现。放下身段，你会飞得更远……

　　在工作中，你应该是目光锐利的老鹰，你在高高的天空中翱翔，但是你并不偏爱蓝天和白云，你的眼光并不是停留在广袤的天空中，而是低头看清楚大地上的每一个事物，你能够明察秋毫，抓住地上每一个捕食的机会，只要放下身段，你会飞得更远……

　　在工作中，你应该是脚踏实地的大象，虽然你拥有巨大的身躯，但是你的四肢稳稳地踏在坚实地大地上，你不会因为自己的强壮而欺凌弱小，也不会因为自己的庞大而藐视小的动物，你温和的广交朋友，你一步一个脚印为自己走出一条平坦大道。只要放下身段，你会走得更远……

　　在工作中，你应该是忍辱负重的骆驼，虽然你的特长是在沙漠中进行长途跋涉，但是你走出沙漠以后，把你的特长藏起来，能够忍受别人异样的眼光，勇敢地承受外在的压力，忘掉自己的名字——"沙漠之舟"，从而锻炼自己的适应能力，这样，你会走得更远……

　　在工作中，你应该是严格守时的公鸡，无论别人如何喜欢睡懒觉，你都要坚持不懈地起早，为人们报晓，无论人们怎么称赞你，你心里都很明白，这只是你的职责，只要放下身段，你会走得更远……

（七）把握说话分寸

　　人们在社会上不管是与人交往，托人办事，都少不了要与人说话，传递信息，沟通感情，交流思想。但是，正确说话可不是一件简单的事，有时一句话能把人说笑，有时一句话也能把人说恼。现代社会是一个竞争与合作的社会，有的人在竞争中失败，有的人在合作中成功。答案其实就在说话的分寸上！无论是口头表达，还是文字描述，都是说话的基本方式。社交场上有"逢人只说三分话"、"点到为止"之说，政治场上有"领导过问了"、"研究研究"之说，生意场上有"一语值千金"之说，文化场上有"点睛之笔"、"破题儿语"之说，社会上更有褒贬毁誉系于一言之说。由此可见，在现代交际中，是否能说，是否会说，是否把握了说话的分寸，已经成为一个人办事成败的关键因素之一。

　　生活中，精辟的见解往往受人欢迎，泛泛空谈则容易招人生厌。实践证明，把握好说话的分寸，能够给自己增添魅力，赢得更多走向成功的机会。

　　有口才并不一定马到成功，如果不看对象，不分场合，往往会造成"秀才遇见兵，有理说不清"的尴尬局面。在我们和他人交谈的过程中，必须注意对象的身份和精神状态，不要自顾自地高谈阔论：明明有人心情苦闷，我们却在人家身旁高谈阔论谈笑风生，明明有人刚刚再婚，我们却在人家身旁大谈最毒不过后娘心；明明有人刚刚被免了职，我们却在人家身边放声高唱：天地之间有杆秤，大秤砣是老百姓……

西方人称当今世界有三大魔力，除了金钱、原子弹，就是语言了。这也并非夸张，在欧洲有"善言可息怒"、"良言胜重礼"、"正义的话能截断江河，和蔼的话能打开铁锁"等谚语，说话的巨大威力可见一斑。语言是"思想的直接现实"，是信息的第一载体。而口语又是人们最广泛应用，最经济简便的表态方式和交流手段。许多人为什么不善言谈、言不及义或言之无味呢？尤其是同异性、陌生人或领导人物交往，为什么一到说话便脸红、心跳、羞于启齿或语无伦次不知所言呢？这一切意味着什么？难道是由于这些人弱智低能吗？难道是无话可说吗？当然不是！他们有些人一是不敢说，二是不会说，怕把话说错！为什么怕把话说错？因为他们把握不好在各种场合中的说话分寸！所以就干脆抿起嘴来，三缄其口，不说了！而那些信口开河，言之无物，废话连篇的常见病，也是一种说话不得分寸的表现。

古往今来，能够把握好说话分寸的例子举不胜举。据史书记载，子禽问墨子：老师，一个人话说多了有没有好处？墨子回答：话说多了有什么好处呢？比如池塘里的青蛙天天叫，弄得口干舌燥，却从来没有人注意它。但是雄鸡，只在天亮时叫两三声，大家听到鸡鸣就知道天要亮了，于是都注意它。墨子的回答虽然简单，但阐述了说话既要切中要害又要切合时宜的道理。青蛙与雄鸡的对比，形象地诠释了把握好说话分寸的利弊。

把握好说话的分寸，要掌握"说"的时机，不能口无遮拦、信口开河。

领导开会，最厌烦的就是那种"开会不说，会后乱说；当面不说，背后乱说；让说的时候打死也不说，不让说的时候打死也得说"

的员工。生活中我们也遇到过类似的"高人"。平时说话一套套的，乖话、怪话、闲话、淡话、不着边际的话说起来滔滔不绝，可你一旦把他推上前台，让他发挥自己会说、能说的特长时，他就像进了曹营的徐庶、打了泥封的坛子，啥也说不了了。这样的一种"风范"，怎么可能给人留下好印象呢？

人寿保险业务员小黄听说邻居的一位老人正在过七十大寿，于是兴冲冲地买好了礼物前去祝寿。在酒席上，小黄先是大大恭维了老寿星一把，然后拿出自己的保险单子，想借机给老人家介绍一下。

老人家不好驳他的面子，于是耐着性子听下去。小黄从当前的经济形势谈到了养儿难防老，谈到了老年人易患的多种致命性疾病。谈着谈着，小黄被老人的儿子打断了。老人的儿子客客气气地把小黄拉到身边，小声地询问保险的有关问题。小黄特别高兴，刚要继续讲下去，老人的儿子一把把他的资料夺了过去，小声说："您先走吧，再不走我可要跟你急了！"

人们耳熟能详《三国演义》中的"杨修之死"，就是因为时机不对，口无遮拦。杨修作为曹操身边一个直接参与机密要务、总领营帐诸事的行军主簿，在战事失利的紧急情况下，口无遮掩，自作聪明地从"鸡肋"口令中随意妄猜，并在军中肆无忌惮散布消极言论，最终落得个被曹操以"乱我军心"罪处死。

说话是大有分寸之奥妙的。

一方面，话说不到位不行，说不到位，别人可能听不明白，理解不透，琢磨不出你的真实用意，你提出的想法或要求也不会被人重视和接受，非但事情办不成，也常常不被人瞧得起，这样怎么能换取别人的赏识呢？怎么能赢得别人的器重呢？

另一方面，话说得太过头也不行，要求太高，言辞太尖刻，让人听了不愉快，觉得你不识大体，不懂规矩，不知好歹，这样的人常常被人敬而远之，也同样无法与人正常交往。

还有一个方面，就是话说得不巧妙不行，太憨实，有时会招来嗤笑；太絮叨，有时会招来厌烦；太直露，有时会招来麻烦；太幼稚，有时会令人瞧不起。

那么，怎样才能把握好说话的分寸呢？我们首先要做到的就是"三思而后说"。在交际场合，我们要认真倾听对方的谈话，在倾听的同时开动脑筋，考虑怎样回答比较得体。其次，我们要熟知一些谈话禁忌，避免造成尴尬，如在西方，女士的年龄是不应该问的。在我们的生活中，对方的健康状况、家庭财产、个人的不幸是比较敏感的，对方单位的"秘闻"、关于其他人的流言蜚语最好也不要讨论，在有女士的环境里，最好不要讲荤笑话。第三，要注意谈话对象的整体素质，最好谈论双方都感兴趣的话题，这样可以有效地避免谈话成了一言堂，或者你说你的，我说我的，最后说到分道扬镳为止。

把握好说话的分寸，关键是要说在"理"上。无论在什么时候，什么地方，有道是"有理走遍天下，无理寸步难行"。

小测试：你的沟通能力如何？

每个人都有独特的与人沟通、交流的方式。阅读下面的情境问题，选择出你认为最合适的处理方法，请尽快回答，不要遗漏。

请你就以下问题认真地问问自己：

1. 你真心相信沟通在组织中的重要性吗？

2. 在日常生活中，你在寻求沟通的机会吗？

3. 当你站在演讲台时，能很清晰地表达自己的观点吗？

4. 在会议中，你能善于发表自己的观点吗？

5. 你是否经常与朋友保持联系？

6. 在休闲时间，你经常阅读书籍和报纸吗？

7. 你能自行构思，写出一份报告吗？

8. 对于一篇文章，你能很快区分其优劣吗？

9. 在与别人沟通的过程中，你都能清楚地传达想要表达的意思吗？

10. 你觉得你的每一次沟通都是成功的吗？

11. 你觉得自己的沟通能力对工作有很大的帮助吗？

12. 喜欢与你的上司一起进餐吗？

以上回答，回答"是"得1分，回答"否"不得分，得分在8～12分，说明协调沟通能力比较好，得分在1～4分时，说明协调沟通能力不太好，需要好好培养。

良好的沟通能力是处理好人际关系的关键。具有良好的沟通能力可以使你很好地表达自己的思想和情感，获得别人的理解和支持，从而和上级、同事、下级保持良好的关系。沟通技巧较差的个体常常会被别人误解，给别人留下不好的印象，甚至无意中对别人造成伤害。

（八）记住别人的名字

如果你能在现在这个复杂的人际关系中，很快记住别人的名字，这样就会让对方很快对你产生好感。曾有心理学研究表明，姓名是最甜美的语言。因此，人们对自己的姓名看得总是很重要。不要说有的人怎样拼命地不惜代价地使自己扬名显姓，即使是普通人，对自己的名字也是极为关心的。所以就有了"坐不改姓，行不更名"的俗语。君不见，记住别人的名字而且很容易地叫出来，这也是对别人尊重的真诚表现，这比无聊的奉承话更显魔力、更具魅力。

在人们交际频繁的时代，经常会碰到这样的事：两个人见面，其中一个人认识另一个人，而对方却早已把对方的姓名给忘的一干二净了，甚至记不起他姓甚名谁。发生这样的情况，不礼貌倒是小事，若是赶上紧要场合，因小失大也不是不可能的。对某些职业来说，记住别人的名字更是工作上的必须。

卡耐基曾经说过："一个人的姓名是他自己最熟悉、最甜美、最妙不可言的声音，在交际中最明显、最简单、最重要、最能得到好感的方法，就是记住人家的名字。"

而在我们的生活中，经常会看到这样的事情，刚刚分别不久的同学或者同事，突然相遇，却怎么也想不起对方的名字，这确实是一件很令人尴尬的事情。所以，记住别人的名字是非常重要的，哪怕只有一面之交，也要设法记住别人的名字，以防下次再次出现尴尬的事情。

其实，从另一个角度来看，记住别人的名字就是对别人的一种尊敬。难道不是吗？当你和某个曾经的同学或者同事不期而遇，你明明姓张而他却口口声声地喊你老王，你的自尊有没有因此而受到伤害呢？此时你的心里会怎么想呢？"难道我在别人的心目中那么不重要？"每个人心里都会因此而对你用另一种方法来看待你。

在我们的生活中，有许多人都不关心别人的姓名。所以，不但不记住别人的名字，而且介绍以后，也是立刻就会忘得一干二净。因为他们觉得，记住别人的名字，就是在浪费自己的时间。虽说他们不在意别人的姓名，但是他们却非常关心自己的名字。即便是在名胜古迹的墙壁，或者大树上，都会发现许多雕刻的人名。那些大部分是旅行者自己刻上的，不然就是捐款者的芳名，可是我们都很热爱自己的名字，在寺庙的捐款者名单上，大家都喜欢把自己的名字排在前面，不喜欢别人排在自己的前面，或把自己排在一个不引人注目之处。

如果发现自己的名字被写在地上，或自己的名片被人践踏，一定会怒不可遏。反过来看，如能记住或称呼对方的姓名，不但表示关心他，而且也能令他心满意足。至少使他注意到：自己的人格受到重视……而且还有许多人，在他们的眼里，他们感觉只要记住一些重要的人物就行了。那什么人才算得上是重要人物呢？领导，上司？高官，贵族？只有那些人才能给我们提供升官发财的机会吗？他们是能改变我们的命运的人吗？那不重要的人又是谁呢？

世界上最远的距离并非是在天涯海角，而是心与心之间的距离。路的遥远不代表心的距离，心的距离才代表真正的距离。在我们的生活之中，与我们只有一步之遥的邻居的家门，或许我们一辈子都不会跨入，因为那里隔着坚硬的心墙！所以我们就需要用心，真诚对待生命中每一个普通的过客。

记住别人的名字，在我们的人生旅途中，没有一个人是不重要的！

拿破仑三世能够获得成功的因素并非是因为他美丽的妻子厄塞尼，而是他擅于记住别人的名字；当他遇到陌生人时，总是暗暗努力记住他们的名字。这样，一旦他对别人直呼其名时，他们无不因为皇上知道自己的名字而受宠若惊。我们固然当不上皇帝，但我们至少可以像拿破仑三世那样，这样有时也能产生点石成金的效果。

对一个人来说，自己的名字是世界上听起来最亲切和最重要的声音。它不但是获得友谊、达成交易、得到新的合作伙伴的通行证，而且能立即产生其它礼节所达不到的效果。

每个人大概都会对自己的名字，怀着一种亲切感，因为它是属于自己的，也是父母用心起的，同时，也代表了一种希望。所以，在世界上的众多言词里，自己的姓名是非常重要的。如果你和别人交谈，在交谈中并不止一次把名字告诉他，而他却又一次问起，简直不能原谅。如果自己把别人的姓氏忘了，那么你不会让对方对你产生亲切感或好感，也不会给对方留下好的印象。

钢铁大王安德鲁·卡耐基，从孩童时代开始，他的表现就与别人孩子不一样，那时他就表现特殊的组织与统率才能。在他 10 岁时，他就已经明白了人们都很关心自己的姓名。所以，他就利用这个常识获得许多人的协助，而且还有一段传闻。

他在年轻时，曾饲养过一对兔子。没过多久，雌兔便开始繁殖了，小屋里挤满可爱的小兔子，但是饲料都不够用。他并没有为此事困扰。因为他的脑海里有好方法，他把附近的孩子召集起来，把那些提供饲草的儿童写上名字，贴在每只小兔子的身上。这样一来，附近的儿童都争先恐后地去为自己姓名的小兔子寻找饲草了。卡耐基的这项小计划实行得非常成功。后来，他念念不忘少年时代的成功。因为他会利用人们的心理，统率许多部下。

不光是卡耐基明白记住别人的名字是重要的。凡是有所成就的人，无不明白记住别人的名字，对自己有不少益处。他们深知抓住人心，不需要靠太多的理由或妙论，只需要能记住，或称呼对方的姓名即可，这样，既是尊重别人也是尊重自己。只有当你记住别人的名字，别人才会对你有好的印象，才会深深的记住你。在我们的生活中或工作中，记住别人的名字，是对别人的一种尊重和鼓励。当你记住别人的名字时，会给自己带来意想不到的好处。

每个人都希望自己被别人记住。在某家旅馆的大厅里，有一位来自远方的客人到服务台办住宿手续，客人还没有开口，服务小姐就先说："××先生，欢迎你再次光临，希望您在这儿住得愉快。"

客人听后十分惊讶，没想到她会记住自己的名字。他露出欣喜的神色，因为他只在半年前到这里住过一次。这位客人因此而感受到了莫大的尊重，进而对那位服务小姐，甚至她服务的旅馆产生了好感。可见，记住一个人的名字并非是一件简单的事，他会记你有意想不到的收获，也会让别人开心，从而记住你。

吉姆·佛雷10岁时，父亲就出了意外，留下他和母亲及两个弟弟过日子。由于家境贫寒，他不得不辍学，于是他到砖厂打工赚钱贴补家用。他虽然学历有限，但他却凭着爱尔兰人物特有的热情和坦率，赢得了别人的尊重，也很受别人欢迎，进而转入政坛。

　　他从来没有进过一家中学，但他在 46 岁那年就已有四所大学颁给他的荣誉学位，而且还担任民主党要职，最后他还担任邮政首长之职。

　　有一次有人问起他成功的秘诀，他说："辛勤工作。就是这么简单。"而那个人有些疑惑，说："你别开玩笑了！"

　　他反问道："那你认为我成功的原因是什么？"

　　那个人说："听说你可以一字不差地叫出 1 万个朋友的名字。"

　　"不，你错了！"他立即回答道，"我能叫得出名字的人，少说也有 5 万人。"

　　吉姆·佛雷的过人之处也就在于此。他在每次新认识一个人时，就会先弄清人家的全名、家庭状况、他所从事的工作，以及他的政治立场，他会记住别人的名字，在心里对对方有一个印象。不管隔了多少年，当他见到他认识的人时，那他一定仍能迎上前去在他肩上拍拍，嘘寒问暖一番，或者问问他的家人，或是问问他最近的工作情形。这也是他为什么赢得好人缘的原因，他也因此受到大家的欢迎。他很早就发现，记住别人的姓名，并正确无误地叫出来，对任何人来说，是一种尊重，也是一种赞美。

　　名字对于每个人有不同的意义，要知道没有任何言语比亲切地呼唤着他人的名字更能打动人心。如果你能叫出一个并不熟悉的人的名字，会令对方觉得他受到你的注意和尊重，自然会对你产生好感。如果你刚从学校毕业还不到一年，而你的老师见了面却叫不出你的名字，有时甚至张冠李戴，把张三唤成李四，无形中必定加大你与老师之间的距离。一个不重视别人名字的人，又有谁来重视你的名字呢？如果有一天你把你朋友的名字全忘掉了，那么，最后只有一个结果，就是朋友也就完全忘掉了你。

一次，美国一家电器公司的董事长请公司代理商和经销商吃饭。董事长私下里让秘书按每位来宾的座位把他们的名字依次记下。当董事长在饭桌上与每位老板交谈时，就随口叫出了他们的名字。结果，每个人都惊讶不已，深为感动，生意也就顺利谈成。

世界钢铁大王安德鲁·卡耐基和普尔门所掌控的一家公司竞争太平洋公司的生意，双方你争我夺，大砍其价，以致毫无利润可言。一天晚上，卡耐基和普尔门在饭店见面，他开门见山地对普尔门说："把我们两家公司合起来吧。"普尔门认真地听着，没有表示态度。最后，卡耐基说合作后新公司的名字就叫普尔门皇宫轿车公司。普尔门眼睛一亮，高兴地拍了拍卡耐基的肩膀说："我俩坐下来好好谈谈。"于是世界钢铁工业史被改写了。

一个人的名字能使他与众不同，它能使人在许多人中显得独立，特别是一个成功的人，他的名字将会在众人中显得独立。我们应该注意一个名字里所能包含的奇迹，并且需要了解名字是完全属于与我们交往的这个人的，没有人能够取代。我们所做的和我们要传递的信息，只要我们从名字这里着手，就会显得特别的重要。一个人记住自己的名字不如让更多人记住自己的名字，我们想要别人记住自己的名字，一定要记住别人的名字。所以，我们要尊重别人，记住别人的名字。尊重别人就是尊重自己。

（九）取信于人　才能成就大事

凡事要取信于人。评古论今，凡成就大事者都是取信于人的人。今天，我们要成就大业，当然不能例外。只有养成诚信的习惯，才会在事业合作中取信于人，才能够成就大事。

三国时，蜀汉建兴9年，诸葛亮用牛运输军粮，再出兵祁山第四次攻魏。魏明帝曹睿亲自到长安指挥战斗，命令司马懿统帅费曜、戴陵、郭淮诸将领，征发曜、戴陵二将屯扎，自己率大军直奔祁山。面对兵多将广、来势凶猛的魏军，诸葛亮不敢轻敌，于是命令部队占据山险要塞，严阵以待。魏蜀两军，旌旗在望，鼓角相闻，战斗随时可能发生。在这紧要时刻，蜀军中有8万人服役期满，已由新兵接替，正整装待返故乡。魏军中有30余万，兵力众多，连营数里。蜀军因老兵离开而显得单薄。众将领都为此感到忧虑。这些整装待归的战士也在忧虑，生怕盼望已久的回乡愿望不能立即实现，估计要到这场战争结束方能回去。

于是不少蜀军将领进言希望留下这8万兵，延期一个月，等打完这一仗再走。诸葛亮断然拒绝道："统帅三军必须以绝对守信为本，我岂能以一时之需，而失信于民。"诸葛亮停了一停，又道："何况远征的兵士早已归心似箭，家中的父母妻儿终日倚门而望，盼望着他们早日归家团聚。"遂下令各部，催促兵士登程。此令一下，令所有准备还乡之人在意外的同时欣喜异常，感激得涕泪交流，纷纷说：丞相待我们恩重如山，我们要求留下参加战斗。那些在队的士兵也受到极大的鼓舞，士气高昂，个个磨拳擦掌，准备痛歼魏军。

诸葛亮在紧要关头不改原令，使还乡的命令变成了战斗的动员令。他运筹帷幄，巧设奇计，在木门设下伏兵。魏军先逢张郃，是一员勇将，被诱入木门埋伏圈中，弓弩齐发，死于乱箭之下。蜀军人人奋勇，个个争先，魏军大败，司马懿被迫引军撤退。犒劳三军之时，诸葛亮尤其褒奖了那些放弃回乡、主动参战的士兵。蜀营中一片欢腾。

诸葛亮取信于士兵，宁使自己一时为难，也要对士兵、百姓讲诚信。一次欺诈行为可能会解决暂时的危机，但是这背后所隐伏的灾患比危机本身更危险。对此，诸葛亮是深深了解的。

在商业活动中，欺诈的行为也许能为你获得一定的利益，但同时你也失去了他人对你的信任。没有信誉的人，在社会中难以立足，也不会有人愿意和你共同合作。

作为经商之本的信誉，就某一意义来讲，是一种无形的资产。从古至今凡是真正经商致富的人，都把信誉放在首位，讲信誉、诚实无欺一直被视为商业道德的重要内容和标志。

孟子指出："偏激的言辞，我知道它的片面性；淫说乱语，我知道它的所指，奸邪的话，我知道它的恶意所在，吞吞吐吐之言，我知道它回避的是什么。"这是公孙丑问什么叫作知言时，孟子的回答。这就是说，片面、失误、歪邪、理屈这四种过失都与人性的偏激、淫荡、奸邪、躲躲闪闪四种本性有关。因为人的言语，是出自于人的思想，从他言语的错误，可知他思想的错误。且内心的真诚至虚伪，尚不可蒙蔽于人，更何况昧得无理之心去欺骗上天呢？

诚信在世间是最重要的。欺诈时间长了，人们认清了他的本来面目，就会鄙视他、蔑视他、疏远他。一个人要讲信用，没有信用就什么事也办不成。

不管面临什么样的情况，都要克服困难，诚信为重。忍住欺诈之心，让人佩服你，倾其所有为你效力。

讲诚信也是有个度的，也就是说，讲诚信也要看对象，看情况。诚信不欺诈是分对象的，对于敌人若仍讲诚信，那无疑是暴露自己，害了自身。

东汉末年，关中豪强董卓把持朝政，废除少帝刘辩，立刘协为献帝。他自封为相国，独揽大权，一切仪仗服饰与汉献帝完全相同。汉朝的文武大臣们对于董卓的嚣张气焰，图谋篡汉敢怒不敢言。

一天，司徒王允以自己过生日为名，宴请朝臣。酒过三巡，王允忽然掩面大哭。大家十分吃惊，忙问道："今天是司徒的生日，为什么忽然这么悲伤?”王允说:“今天并不是我的生日,因想与诸位一叙,又恐董卓疑心,所以假托是我的生日,以请诸位前来商议大事。当今董卓霸权欺主,社稷危在旦夕,我身为朝廷命官,却不能为国尽力,想到此不禁悲痛流泪。”众人听了都有同感,无不潸然泪下。唯有骁骑校尉曹操仰面大笑,出语惊人:“难道诸位在此从黑夜哭到天明,就能把董卓哭死吗?”王允见状,忙走到曹操面前问道:“孟德有何高见?”曹操说:“我近来屈身服侍董卓,是想寻找机会除掉他,幸好他没有看出我的用意,反而对我愈加信任。我听说司徒有一宝刀,如果能借给我,我愿为国除害。”于是王允马上把七星宝刀赠给了曹操。

第二天,曹操带着刀来到相府,只见董卓坐在床上,吕布站在一旁。董卓见曹操来了,问道:“你怎么现在才来?”曹操随口答道:“因为我的马不好,走得太慢,所以来迟了。”董卓听后对吕布说:“我儿,你从最近西凉进贡来的好马中,挑一匹给孟德。”说完侧身躺下。吕布应声下去了,屋里只有董卓和曹操两个,这真是天赐良机。曹操急忙从怀中抽出刀来,正要行刺,不料被董卓从床里边的穿衣镜中看得一清二楚。董卓急转身问道:“你想干什么?”这时吕布已牵马到了门外。眼见行刺不成的曹操连忙灵机一动,跪下说道:“我前日得一宝刀,愿将其献给丞相。”迟钝的董卓竟然相信了。

他起身接过刀来一看,果然是一把极其锋利的宝刀,于是高高兴兴地转手交给吕布,让他代为收下。倘若当时陷入危险境地的曹操不使诈术骗过董卓,恐怕他行刺不成反而先丢自己的小命。

曹操知道自己刚才的急中生智,虽暂时骗过了董卓,但瞒不过其他人,想尽快设法脱身。正盘算着,吕布带曹操到外面看马。曹操一见马就赞叹道:“真是一匹好马,我想骑上试试。”董卓从后面跟了出来,笑着点点头。曹操立即飞身上马,加鞭向东南方向疾驰而去。

等到曹操走后不久，董卓的谋士李儒听完董卓的叙述，就立即明白了，急忙说："丞相错也，那曹操分明是想行刺丞相。他见事不成，才编此谎言。"董卓转念一想，果然如此，急忙派人去追。谁知曹操在京师没有家小，单身一人，此时早已不知去向。董卓悔之莫及，只好通知附近州府严加缉拿。

在这种生死关头，面对一些不讲诚信的人，就要灵活变通。我们在事业的创立与发展中要注意变通。因为"明枪易躲，暗箭难防"，对于那些本不怀好意的人，就不应讲诚信。下面有一个故事，希望能让我们引以为鉴。

一方面要重诚信，说话算数，不欺骗他人，另一方面要提高警惕，严防骗子们的诈术。老老实实的人若总是受人欺骗，屡次让骗子得手，这也是不行的。

唐朝懿宗年间的一天，长安城的皇城朱雀门外，挤满了围观的人群。在人群中央，大安国寺的一名和尚正急得满头大汗，语无伦次地向户部的几位官吏询问和解释着什么。和尚说："昨日，皇上和几个侍从身穿布衣到大安国寺私访，取走了江淮贡使寄放在寺中的绫缎千匹，叫我今天到这里来取单据。"几个官吏被和尚的一席话说得莫名其妙。看样子，这和尚也不像是无事生非之辈，于是，官吏们就把和尚带进官衙细问详情。

进了官衙后，和尚喝了点水，定定神，将昨日发生在大安国寺内的事情，从头到尾又仔细地讲了一遍。

几个气度不凡的人，于昨天晌午来到了大安国寺，其中一人更是酷似当今皇上，寺内的和尚见状急忙上前，正准备询问时，门外又有几个施主进寺，和尚忙于接待，顾不得再问，就让那几个人迳直往后殿走去。也不知怎么的那天来了那么多的香客，使得门前接待的几个和尚应接不暇。

　　那个酷似皇上的人进到后殿，问寺内的和尚，寺内有什么东西可以借用。不了解来人身份的和尚自然是支支吾吾地不知说什么是好。这时，跟在那人身后的一个随从打扮的人，对和尚施了个眼神，并将其拉到一边，小声地说："你知道他是谁吗？他就是当今皇上！"和尚一听是皇上，吓得不知所措。他知道当今皇上确有喜欢穿便衣私游的习惯，前不久还来过大安国寺。想到这，和尚忙跑过去，点头哈腰地说："有，有。"

　　对此，皇上只是一副不介意的模样，又问道："是些什么东西啊？"

　　和尚不敢隐瞒，如实报告说："寺中有前几天江淮各地运来进贡朝廷的东吴绸缎千匹，因未到规定交纳的时间，暂寄存在本寺。"

　　皇上说："能先借给寡人一用吗？"

　　因事关重大，和尚不敢作主，说要请示方丈。听说这话的皇上脸上呈现了不悦之色，而几个随从更是对和尚不住的威吓相逼或好言劝谏。弄得和尚不知如何是好。这时，皇上转过身，语气平静却显得带有威吓地问："你的法号怎么称呼？"和尚一听这语气有点不对味，不敢再迟疑，忙领着他们来到放绸缎的地方。皇上看了看，马上对随从说："叫他们进来搬运。"随从们转身出去不久，就带来几个人，搬的搬抬的抬，不一会儿，数千匹绸缎就被搬运上车拉走了。皇上也从容地出了寺门，钻进一辆车子，朝皇城方向驶去。临走时，一个随从对和尚说："你明天可以去户部领取收据。"和尚连连点头，满脸陪笑地把他们送走了。于是和尚便在他们说的第二天来皇城索取收据了，也就发生了刚刚的那一幕。

　　户部官员听完了和尚的叙述后，忙派人去宫中查询昨天圣上的行踪。很快，进宫的人回来说："昨天皇上压根儿就没出过宫，更不用说去什么大安国寺了。"和尚一听这话，一下子急得昏了过去，旁边的人忙喷水施救。

原来，这些来大安寺取绸缎的人是一伙乞丐。他们打听到大安国寺内存放了数千匹绸缎的消息，苦于大安国寺墙高院深，难以得手。后来，便利用当时皇帝喜欢私游寺观的信息，选了一个相貌和体态与皇帝相似的人，扮成皇上私访，骗走了这批绸缎。同时为了达到目的，他们还制造混乱局面，派了一些人扮成施主，一批批混入寺中，分散寺中和尚的注意力，使和尚们应持不暇。

可见，万事都是在变化的，也是不同的。我们在讲诚信的同时更要注意到你所讲诚信的对象的性质。只有这样，才会有的言矢，不致出错。

总之，诚实讲信用是成大事的必备要素之一，是我们在学习和工作中所必需的。

（十）朋友多了路好走

有这样一句歌词：朋友多了路好走。于是，我们便急着把每一个刚刚结识的新面孔呼之为朋友，将其拉入自己的关系圈。但《美国社会学评论》最近刊发的一项调查报告结果显示，现代人真正的朋友越来越少了，1/4 接受调查的人甚至认为没有任何人值得信任。

随着生活节奏的加快，社会的浮躁和功利主义，人与人之间有着太多分不清的是非真伪，以至于我们对"朋友"的称谓产生了畏惧。那么，真正的朋友究竟是什么样的？人的一生到底需要什么样的朋友呢？美国作家帕尔指出，"不要指望一位密友带给你所需要的一切。"另一位作家汤姆·拉思则认为，以下 8 种朋友是必不可少的。

1．成就你的朋友：他们会不断激励你，让你看到自己的优点

这类朋友也可称之为导师型的。他们不一定是你的师长，但他们一定会在某些领域具有丰富的经验，能经常在事业、家庭、人际交往等各方面给你提供许多建议。人生中拥有这种朋友会成为你心理最大的支柱，也常常会成为能够"左右"你的"偶像"。

2．支持你的朋友：一直维护你，并在别人面前称赞你

这类朋友可谓是"你帮我，我帮你"，相互打气，促使彼此成长。在一个人的成长过程中，朋友的支持与鼓励是最珍贵的。当你遇到挫折时，这类朋友往往可以帮你分担一部分的心理压力，他们的信任也恰恰是你的"强心剂"。

3．志同道合的朋友：和你兴趣相近，也是你最有可能与之相处的人

与他们在一起，你会有心灵感应，俗称"默契"。你会因为想的事、说的话都与他们相近，经常有被触摸心灵的感觉。和他们交往会帮助你不断地进行自我认同，你的兴趣、人生目标或是喜好，都可以与他们分享。这种稳固的感受"共享"会让你获得心理上的安全感，因为有他们，你更容易实现理想，并可以快乐地成长。

4. 牵线搭桥的朋友：认识你之后，很快把你介绍给志同道合者认识

这类朋友是"帮助型"的朋友。在你成功的时候，他们的身影可能并不多见；在你失意的时候，他们却会及时地出现在你面前。他们始终愿意给予你最现实的支持，让你看到希望和机会，帮助你不断地得到积极的心理暗示。

5. 给你打气的朋友：好玩、能让你放松的朋友

有些朋友，当我们有了心事，有了苦恼时，第一个想要倾诉的对象就是他们。这样的朋友会是很好的倾听者，让你放松。在他们面前，你没有任何心理压力，总能让你发泄出自己的"郁闷"，让你重获平衡的心态。

6. 开阔眼界的朋友：能让你接触新观点、新机会

这类朋友对于人生也是必不可少。他们可谓是你的"百科全书"。这类朋友的知识广、视野宽、人际脉络多，会帮助你获得许多不同的心理感受，使你成为站得高、看得远的人。

7. 给你引路的朋友：善于帮你理清思路，需要指导和建议时去找他们

这类朋友是"指路灯"。每个人都有困难和需要，一旦靠自己力

量难以解决时，这类朋友总能最及时、最认真地考虑你的问题，给你最适当的建议。在你面对选择而焦虑、困惑时，不妨找他们聊一聊，或许能帮助你更好的理顺情绪，了解自己，明确方向，作出决定。

8. 陪伴你的朋友：有了消息，不论是好是坏，总是第一个告诉他们，他们一直和你在一起

这种朋友的心胸宽广，不管何时找他们，他们都会热情相待，并且始终如一地支持你。他们是能让你感到满足和平静的朋友，有时并不需要他们太多的语言，只是默默地陪着你，就能抚平你的心潮。

多个朋友多条路。千里难寻是朋友，朋友多了路好走。重师者王，重友者霸，重己者亡。楚汉争霸、冯谖市义谋划狡兔三窟的故事、乔·吉拉德的 250 法则等永远都值得我们反复地深思。

250 法则，这是美国著名推销员乔·吉拉德提出的。大致意思是：每一位顾客的身后，大体有 250 名亲朋好友。如果你赢得了一位顾客的好感，就意味着赢得了 250 个人的好感；反之，如果你得罪了一名顾客，也就意味着得罪了 250 名顾客。简称为"250"法则。

乔·吉拉德被吉斯尼世界记录誉为"世界最伟大的销售员"——迄今唯一荣登汽车名人堂的销售员。

乔·吉拉德在 15 年的销售生涯中总共销售了 13001 辆车。

乔每月要给他的 1 万多名顾客寄去一张贺卡。一月份祝贺新年，二月份纪念华盛顿诞辰日，三月份祝贺圣帕特里克日……凡是在乔那里买了汽车的人，都收到了乔的贺卡，也就记住了乔。正因为乔没有忘记自己的顾客，顾客才不会忘记乔·吉拉德，进而成就了乔·吉拉德的销售传奇。

人脉就是财脉！关系就是实力！朋友是最大的生产力！好人缘的

本质就一个字——给。你要打拳，必先收拳；你要得到，必先给予。网传的《26 条人缘法则》中罗列了 26 种给的方式，可供我们尝试。

给口德——得饶人处且饶人。说话三境界：直话，要转个弯说；冷冰冰的话，要加热了说；顾及别人的自尊。人情留一线，日后好见面。

给掌声——每个人都需要来自他人的掌声。为他人喝彩是每个人的责任，不懂鼓掌的人生太狭隘，一赞值千金。

给面子——中国人最讲究的是面子，任何时候，都要给对方一个体面的台阶。对于非原则性的问题，看破别说破，面子上好过。伤什么，别伤人面子，千万不要揭人老底。

给信任——被人信任就是一种幸福，有多少信任，就有多少成功的机会。生性多疑的人不可能有真朋友。

给方便——与人方便，自己方便，在他人最需要的时候轻轻扶一把，为对方着想，也是在替自己打算。

给礼节——有"礼"走遍天下。彬彬有礼，方能魅力四射。

给谦让——锋芒毕露者处处树暗敌，别在失意者面前显露你的得意。放下身段，降低自己。人前勿张狂，待人要低调。

给理解——人人都渴望他人的认可。理解，就是给人方便。理解一般人不理解的事。

给尊重——不要轻易损伤别人自尊，努力成全他的尊严。地位越高越不能轻视他人。

给帮助——关键时刻搭把手，与人为善多朋友。

给诚信——重诺守信，立世之本。失去诚信，百事难为。

给实惠——示之以利，晓之以理。一毛不拔，难成大器。

给虚心——多一点含蓄，多一点谦逊。虚心万事能成，自满十事九空。

给欣赏——人人喜欢听好话，个个渴望被欣赏。"高帽"成本低，送人别吝惜。真心欣赏，相互砥砺。

给感激——得人帮助，及时感激。知恩不报，遭人鄙夷。

给援助——济困扶危，广结善缘。

给激情——成功需要激情。成功者用100%的激情做1%的事。

给形象——好形象容易获得认同关注。

给爱心——爱之花开放的地方，生命便能欣欣向荣。只要人人都献出一点爱，世界将变成美好的人间。

给笑脸——没人会拒绝迷人的微笑。微笑是人际交往的万能钥匙。用微笑轻松应付对手的挑衅。

给宽容——容不下别人，是因为自己太狭隘。

给合作——资源共享，利益均沾。合作是最有效率的借力方法。

给善良——善待每一个人、感动每一颗心。

给倾听——倾听是最好的恭维。

给宽恕——责人之心责己，恕己之心恕人。严于律己、宽以待人。和为贵，恨伤身。

给说服——有口才必定是人才。会说话好办事。

给人帮助，要恰到好处。如果你想要发挥人际互惠的最大效益，在给人帮助或好处时，可以掌握一些原则：不轻给——让对方觉得得来不易；不乱给——要选择对象；不吝给——既然要给，就宁可大方地给。

即使做不成朋友，也不要变成对头。减少一个对头的价值胜过增加一个朋友。

不以貌取人，不要轻易卷入利益纠葛中。朋友就是我们人生道路上的旅伴，有的可能会与你长久地互助同行，也有的可能只是交叉相遇的过客。

人生在世，是离不开朋友的，是少不了朋友的友情和支持的。同样，在我们的成功路上，朋友多了好走路。

（十一） 团结就是力量

我们生活在以人为本的社会里。在人类这种以群为居住特点的生存空间内，一个人是不可能完成一生的。无论什么事，只有团结起来，才是明智之举。一双筷子很容易被折断，十双筷子，就会牢牢抱成一团。只有团结，才更有力量。

人际关系对于个人，无论在事业上、生活上亦或学业上皆起着决定性的影响。假如你拥有众多的朋友，与朋友之间有着良好的人际关系，那么，你便可以通过这些朋友的力量来协助你解决难题。人，是不可能拒绝朋友而独自过着闭门自守的生活的。假如是这样，生活实在无乐趣可言，而且很多需要帮助解决的困难就无法解决。毕竟，这是一个合作的社会，个人的学识与力量是有限的，必须依助他人的学识及力量方能完成任务。在这世上，有不少人并非很有才华，但他们却有一个无形的资产——良好的人际关系，就因为他们懂得团结就是力量，使他在各方面各领域都能平步青云。

中关村在国人乃至整个世界的耳朵里，都是一个非常响亮的名字。为什么这么说？因为"中关村是一个象征，她象征着中国的信息产业，象征着高科技、先进的管理、激烈的国际竞争以及迅速积累的财富；中关村是一个传奇，从 1984 年到 1998 年，中国最杰出的知识分子在中关村白手闯天下，创下了一年销售逾千亿的经济奇迹；在与IBM、微软等超级巨头的对抗中，中关村越来越强。"的确，在当今这样一个神奇的知识经济时代，知识所创造的正是一个个神话！而且这些神话的书写者，正是那些人们称为"知识英雄"的人：他们来自北大，他们来自清华，他们来自社会；他们不仅拥有知识，而且非常善于动用知识去创造神奇。

他们的成功秘诀是什么？在这些成功者中，他们每一个人都有自己的个性，都有自己的人格魅力和传奇故事。但他们又都有一个共同点，那就是他们在创业之初都非常渴望把自己所学的知识转化为能力。今天，面对辉煌，他们也有一个共同的感受，那就是：团结协作，围绕一个目标去做事。

我们可以看一看他们是怎样说的和做的：

王选（北大方正技术研究院原院长、方正香港有限公司董事局主席）：

"软件是一个集体性的劳动，人才必须组织起来，围绕一个目标，才有价值。"

"中国不缺少有才华的年轻人，而是缺少团结合作的精神。"

"现在的情形是，中国人只有到了国外，到了硅谷，受外国老板指挥才能把才华发挥出来。中国人难道只能由外国人指挥？中国人难道不能指挥中国人？"

王荣之（同创公司总裁）：

"同创在做一个木盆。我们不会有更多的条件，有更多的长板，我们都很笨，但我们勤劳，很团结。我们在一起做一个大木盆虽然每块木板都很短，但合起来直径很大盛水自然比木桶多。"

"木盆难做，难在所需的木板多，难在形成合力，精诚团结；过去大家把同创认为是一个名词，现在大家都意识到了，同创的意思就是一帮短板子共同合在一起，盛更多的水。"

许志平（师腾公司总经理）：

"我们总以为聪明人凑在一起，肯定会更聪明。其实，一群聪明人凑在一起，还不如一傻子加一个聪明人凑在一起。因为，聪明人都坚持人人平等，坚持都是革命同志，我凭什么听你的，这样一来不但没有形成合力，反而会造成很大的内耗。"

张旋龙（方正香港上市公司总裁兼执行董事）：

"我认为与他人合作主要有两个要领：一是不要等到人家成功了，再去和人家谈合作；二是自己不懂，要相信别人。我完全相信王选的技术。自己不懂又不相信人家，那还能做什么？很多领导不懂，又不愿意相信别人，肯定不行。还有一种情形更糟，就是不懂还要装懂。"

也许会有人说，科学的高度分化和交叉是需要科学家密切协作的，而社会领域则不需要。其实这是错误的想法。无数企业家的成功谋略都证明合作精神、善于用人、团结人是至关重要的。对大亚湾健风集团、对美国、日本、东南亚、中国台湾、香港等大企业家共82人调查表明，这82人中，没有一个是寡头企业家。他们的财富是由人创造的，他们十分重视合作，重视对人才的培养和任用，尽管用人的原则、方式差异很大。他们今日的成功，已经充分地证明了团结协作的重要性。

某大学的一位教授曾指出：成功者的道路有千千万万，但总有一些共同之处。能够较清晰地认识自我和他人的关系，了解个人在集体中的地位和角色，并善于从他人的角度考虑问题，所以受到人们的欢迎。他们不仅与同伴合作密切，与他的父母和老师也愉快相处。对于教师的不同意见，他们有较强的独立性，附和教师意见的只占 8.78%，能以相对温和的态度接受老师意见的占 72.30%。由此可见，团结合作是许多成功人士的共同特性。

社会上却存在着这样一种情形：一些家长已经适应了这个竞争的

社会，因此，许多年轻人小的时候被灌输的是要竞争，要取胜，要比同龄人强。"去幼儿园，可别叫小朋友欺负了，不用怕他们。""老师发水果，要挑大个的。"等上学了，又被家长告知："要有竞争意识，别的同学问你题目，不要告诉他，他会了就会比你强。""合唱比赛有什么意思？得了第一名也不是你自己的荣誉，还是省点时间看看书吧！"这些年轻人就这样逐渐成为自私者，极端个人主义者。

我们中的每一个人都不可能孤立地生活在这个世界上，我们需要生活在人群中，需要生活在人与人之间。这就需要与人交往，而谁又愿意与自私的人交往呢？

21世纪，随着社会的不断发展，人们越来越需要精诚团结，在共同的大目标下努力把事情做好。虽然我们生活在一个靠竞争取胜的社会，但社会需要的不是你死我活的争斗。竞争，不是相互残杀，而是共同发展。只有这样，我们的社会才能进步，我们的国家才能有希望，我们中的每一个人才能得到更好的发展。北大的一位教授说："企业需要发展，不能单靠某个人，只有依靠集体，个人才能创造出成绩。"不仅企业如此，我们生活中的绝大多数事情都离不开合作，像足球赛、篮球赛、排球赛等各种比赛项目，都要求队员们保持彼此之间的良好协作。音乐伴奏也是如此，只有默契配合，方能奏出优美的乐曲。

作为21世纪的年轻人，一定要积极参加集体活动，通过群体性的活动培养自己的协作意识。如果希望自己成为一个受人欢迎的人，一个快乐的人、一个成功的人，就放弃自私自利的狭隘思想，培养合作精神，增强团体意识。

（十二）巧用五个交际圈

人海茫茫，寻找和发掘有限的交际资源，该从何处着手呢？仔细地看一看我们的周围，想一想我们所接触的人，你就会觉得，有时我们可以用一种行得通的方法来对付。也就是说，我们可以把每日接触的人划分为几个部分，找出每一个部分的特点，假如能找到这些特点的规律，并且能指出一个共同处理的法则，那么这个人定会成为交际能手。

任何人在一生当中逃不出五个交际圈，都会在这五个领域里生活。

1. 血缘及家庭交际圈

血缘及家庭交际圈是指由于血缘的关系，或者法律规定所结成的夫妻关系，所处的交往范围，叫做血缘及家庭交际圈。

在这里面，有夫妻之间的关系、兄妹之间的关系、父子之间的关系、母子之间的关系、亲戚之间的关系等等。在血缘交际圈中，人际关系非常重要，夫妻之间的相爱，兄弟姐妹之间和谐的往来，父母子女之间和睦的相处，都可以给你的事业和人生起到积极的促进作用。

有的人在单位里，可能工作得很出色。但在组织当中所得到的人际关系的满足和荣耀，取代不了他在家庭生活中人际关系不和谐给他带来的痛苦。所以他就是不愿意下班，每当回到家里，他就好像走进了地狱之门，家庭关系紧张，给他带来了很大的烦恼。

当你辛苦了一天，回到家，迎接你的是一个宽松和谐的环境，你自然能消愁解闷，养精蓄锐，充电后又信心百倍地走向新的一天。

所以，一定要珍惜和妥善处理好这个交际圈，它不仅能给你带来工作上的收获，而且最能影响你的情绪，激发你的斗志。

2. 组织交际圈

不管你是为国有企业服务，为私营企业服务，为三资企业服务，还是在政府机构、事业单位工作，在这种正式群体或组织中的交往范畴叫做组织交际圈。

同事之间的关系，上下级之间的关系，推销员与客户之间的关系都是组织交际圈中的组成部分。在组织交际圈中能够和谐友好地相处，可以给你提供一个有利于工作的人事环境。而你能否得到他们的信任，则取决于你能否在这个交际圈中与他们建立良好的人际关系，以及你们之间的交往是否顺利有效。

3. 地缘交际圈

人们由于空间、地理位置的邻近，所形成的交往范围叫做地缘交际圈。

在这里面，有邻里关系、社区关系、乡里关系，虽然我们现在住的是用钢筋水泥隔开的房子，但是即使这样，免不了由于空间距离的邻近，而跟一些人发生交往。

俗话说得好，远亲不如近邻。我们今天所处的社区，所处的领域，所处的地理位置，如果处理不好关系，会影响正常生活。如果处理得当，会带来很多方便。所以，搞好邻里关系对我们就显得特别重要。在每天与这些人的接触中，也许一个热情的招呼，一个友善的微笑，就会换取对方的好感，进而为自己赢得好名声。

4. 舆论交际圈

在你与大众交往中，你的形象往往是通过公众的评价和舆论形成的，有关这一整体形象的舆论传播就构成了舆论交际圈。

在现在传媒日益发达的今天，这个交际圈变得异常重要。你也许会去评价一个不认识的人，虽然跟这个人没有见过面，不认识他，但通过别的媒体听说过他。同时，你也可能被一个没见过却听说过你的人评价和关注。

听到的不一定就是见到的，但是听说之前如果没见面的话，他对你的评价就取决于他从各个渠道所得到的关于你的信息。

所以，每个人都处在别人的舆论当中，你可能会被不认识你的人评价，我们也可以去评价那些我们并没有见过面的人，这种行为可以说是相互的。

事实上，形象不但要做得好，还要通过一个有效的渠道，传播出去，让别人认为你好，这样才能扮演好我们自己的角色。

所以说，一个人在社会交往中的口碑十分重要。记住：任何败坏你形象的公众舆论都会对你的事业和前程产生巨大的破坏力。

5. 业余交际圈

工作之余基于共同的兴趣爱好，而组成的这种非正式群体交往范畴叫做业余交际圈。

多种形式的沙龙、俱乐部、私下交往等就是这种非正式群体交往的有效方式。我们在单位里会有一些相处融洽、合作愉快的上级、部下、同事，但这种组织交际圈中合作愉快的上下级关系、同事关系不能等同于业余交际圈的朋友关系。

　　一般来说，领导与下属的关系、同事之间的关系是建立在工作与利益基础之上的，不是以单一的情感为基础的。业余交际圈中的朋友关系，才能给你真正的友情，其衡量的标准，是以共同的爱好、共同的兴趣组合在一起的，靠心与心之间的距离来维系。所以在工作岗位上再有成就的人，他也需要向业余交际圈中的知心朋友倾诉他自己的情感。

　　或许任何人都不会把许多时间放在业余的社交活动上，可一旦你出入社交场合，就应该加倍珍惜这些机会，或者在业余时间不断地拜访一些各界名流和前辈，从他们的宝贵经验和教导中获得有益的启示和技巧；或者，通过好友替他开发潜在的生意。

　　即使你很善于处理人际关系，有时也不免发一句牢骚："人际关系真是太难了！"

　　现实生活中，我们被众多爱我们的人，恨我们的人，素昧平生的人包围着，他们形成一个强大的网络我们紧紧地罩住。有时我们可以理清脉络，有时我们却被这个网络紧紧束缚，无端生出许多烦恼。可使人嫉妒的是，生活中却有许多人少有这些烦恼。他们可以圆滑而得体地处事，潇洒而自然地生活。他们在人际关系上占尽上风。这是为什么呢？秘诀就在于：巧用五个交际圈。

　　整体、灵活地运用这五个交际圈，你才是一个交际能手，才能真正体会到人际关系的魅力，才能使我们真正达到人际关系融洽、和谐。

　　现实生活当中，有些人在单位里做得好，家庭关系处理得却不好；有的人家庭关系处理得好，在单位也出色，就是在业余交际圈里少有好朋友，当他孤独的时候，很少有好朋友能解除他内心的烦恼，来听他倾诉自己的苦恼和困惑。

　　同样，有的人能把家庭内部关系搞好，而且还能很顺利地将上下级关系、同事关系理顺，就是有时候邻里关系处理不好。有的人邻里关系处理得很好，只是一提到他，别人总是误解他。这说明五个交际圈的整合，对于提高交际能力的必要性。

　　在这五个交际圈中立于不败之地，进而利用这些交际圈中的关系推进事业发展，是一个人人际关系经营成功的境界。一个具有和谐人际关系的人，往往能在这五个交际圈中适时变换角色，灵活巧妙地与各种不同的交往对象愉快地相处。

解·析

成功的捷径

〈上〉

何威 ◎ 编著

中国出版集团

图书在版编目(CIP)数据

解析成功的捷径(上)／何威编著. —北京：现代
出版社，2014.1

ISBN 978-7-5143-2106-7

Ⅰ．①解… Ⅱ．①何… Ⅲ．①成功心理 - 青年读物
②成功心理 - 少年读物 Ⅳ．①B848.4 - 49

中国版本图书馆 CIP 数据核字(2014)第 008494 号

作　者	何　威
责任编辑	王敬一
出版发行	现代出版社
通讯地址	北京市安定门外安华里 504 号
邮政编码	100011
电　话	010 - 64267325 64245264(传真)
网　址	www.1980xd.com
电子邮箱	xiandai@ cnpitc.com.cn
印　刷	唐山富达印务有限公司
开　本	710mm×1000mm　1/16
印　张	16
版　次	2014 年 1 月第 1 版　2023 年 5 月第 3 次印刷
书　号	ISBN 978-7-5143-2106-7
定　价	76.00 元(上下册)

目　录

第一章　认清自我　志存高远

(一) 明镜识己容 ……………………………………… 1

(二) 认识你自己 ……………………………………… 3

(三) 发现"真正的自我" …………………………… 5

(四) 透过别人的眼睛看自己 ……………………… 7

(五) 立志是成功的第一步 ………………………… 12

(六) 科学设定目标 ………………………………… 14

(七) 成功一定要有计划 …………………………… 16

(八) 自己的命运自己掌握 ………………………… 18

(九) 立恒志? 恒立志? …………………………… 21

(十) 永远不要满足于眼前 ………………………… 23

第二章　调整心态　控制自我

(一) 心态决定成败 ………………………………… 28

(二) 赶走心灵的敌人 ……………………………… 30

(三) 自信是成功的第一秘诀 ……………………… 33

（四）坚强的毅力能够化腐朽为神奇 ……………………… 37

（五）强烈的成功欲望是实现目标的基础 ………………… 40

（六）打造一颗坚强的心 ……………………………………… 43

（七）微笑着接受已发生的事 ……………………………… 45

（八）善于控制自己的情绪 ………………………………… 49

（九）解脱情感的束缚 ……………………………………… 53

（十）自制力是成功的关键 ………………………………… 57

（十一）拒绝诱惑 …………………………………………… 62

（十二）不要让嫉妒影响自己 ……………………………… 69

第三章　改变理念　奠定基础

（一）态度决定命运 ………………………………………… 75

（二）习惯决定你走多远 …………………………………… 77

（三）始终保持快乐的心情 ………………………………… 82

（四）适应变化　享受变化 ………………………………… 86

（五）顺时而动　改变你的处世方式 ……………………… 92

（六）开拓视野　提高认知 ………………………………… 94

（七）尺有所短　寸有所长 ………………………………… 96

（八）三人行　必有我师 …………………………………… 98

（九）前事不忘　后事之师 ………………………………… 101

（十）优良品格　卓越成就 ………………………………… 103

（十一）不要掩埋自己的优势 ……………………………… 105

（十二）善于把握机遇 ……………………………………… 108

第四章　努力奋斗　把握今天（上）

（一）奋斗以健康为本 …………………………………… 112

（二）不思进取　必遭淘汰 ……………………………… 115

（三）天道酬勤 …………………………………………… 117

第一章 认清自我 志存高远

（一）明镜识己容

镜子，可以清楚的使自己看到自己的长相。人的生活中离不开镜子，同样，在我们通往成功的路上也离不开镜子。每个人都应该学会照镜子。在照镜子的时候，我们可以看清楚自己的缺点和不足，以便进行反思并加以改正；而当我们看到自己的优点的时候，就会增强几分勇气和自信心。这样，可以做到自知之明。

每一个人的发展轨迹都是不断变化着的，没有人是呈直线向前发展的，因此有些心理学家建议最好是每年对自己进行一次评价，包括自己的身体、知识、感情、职业目标、特长等等。在现实生活中，有很多人由于对自己认识不够准确，镜子中常常出现是以下三种面孔：

1. 阴沉的脸：自尊心过强

对自己估计过高的人，往往都会自尊心过强。自尊心本来是一种可贵的心理品质，它能激发人的进取精神，使人自尊、自爱并自觉维护应有的荣誉和人格。但是，自尊心过强，则是一种有害于身心健康的坏脾气。这种人往往以自己的长处去比别人的短处，总是看不起别人，目中无人，以为自己处处比别人强，一旦别人超过了自己就不高兴，容易产生嫉妒心。别人的幸福和他自己的不幸都将使他感到不快，因而这种人的环境适应能力较差，易心情沮丧、牢骚的人，容易产生自卑的心理。谦虚谨慎、虚怀若谷是一种美德。承认自己知识少的人，往往是勤奋好学、有真才实学的聪明人。然而，事事处处都觉得自己不行，就是一种有害心理健康的意识。例如，在身体上嫌自己长得太矮、太胖或太瘦，怀疑自己的健康问题，担心患有绝症；在学习上甘居中游、下游，缺乏进取精神；在事业上缺乏信心，无所作为；在人际交往中总有一种惭愧、羞怯、畏缩、低人一等的感觉。这种有自卑心理的满腹而导致心理病态。

2．沮丧的脸：自信心不足

对自己估计过低人对外界的反应十分敏感，容易接受消极的暗示，稍稍受到批评就心灰意冷，甚至产生厌世轻生的危险念头，对身心健康危害极大。客观地认识评价自己，正确地进行自我分析，是个体认识世界的组成部分，也是心理卫生的一条基本原则。

3．无奈的脸：自我在迷失

很多人的一生都是在糊里糊涂中度过的。真正仔细审视自己的人生并且不断反省的人是很少的，更多的人常常满足于自己的小圈子，没有想到去突破，没有想过为自己去创造更多的机会。这样的人生状态正像做一天和尚撞一天钟，其实是在打发时间。这样的人生既不精彩，也无滋味。正是因为这样，很多人根本没有想过自己的特点是什么、长处在哪里，自己的潜力在哪里、如何来塑造自己的人生，他们根本看不到自己的人生方向，常常会在生活中迷失方向，找不到自己的人生定位，觉得芸芸众生都是这样的，觉得自己没有什么特长，甚至相信这些都是命运的安排。这其实是一种典型的自我认识不足所导致的自我迷失。

经常照一照镜子，竟能发现真实的自己。其实，我们周围有很多镜子。亲朋好友的诚恳忠告是一面镜子，周围人的故事和经验是一面镜子，自己的不断解剖和反省也是一面镜子。这些镜子会使你对自己的能力和水平以及你的生存环境有一个详细的了解，可以帮助你在做事情的过程中分出轻重，找到适合自己的角色，很快走上轨道。

聪明的人总是能够不断地照镜子，不断地走向完善。鲁迅先生总是无情地解剖自己，这样做使他的思想越来越高深。善于照镜子的人能够在人生的坐标中找到自己的位置，并且总是能够做到趋利避害，成为掌握自己命运的人，在人生的战场上能够运筹帷幄。这就是所谓的"明镜识己容"。

（二）认识你自己

古时候，有一位公差奉命押解犯人到案，犯人是个和尚。

不甘心沦为阶下囚的和尚，一直在寻找逃跑的时机。他尽力与公差拉关系，百般讨好他，做出一副恭顺合作的样子。渐渐地，公差的戒备心松懈了，甚至晚上住宿时还与和尚同桌吃饭。

一天晚上，两人投宿一家客栈。因押解的目的地马上就到了，公差心里非常高兴，就与和尚开怀畅饮了起来。和尚见有机可乘，内心狂喜不已，但仍不动声色地与公差划拳饮酒。

酒过数十巡，不胜酒力的公差醉得一塌糊涂，瘫在床上睡了，而和尚则乘机从公差身上摸出钥匙，打开了手上的镣铐，再把镣铐铐在公差的身上。和尚仍难消心中的愤恨，又找来一把锋利的刀子，将公差的头发剃光，趁着夜色逃之夭夭。

第二天，公差醒来，看不到和尚，心慌了起来，不觉用手摸了摸脑袋，却摸着一个光头，心里顿时松了口气："原来和尚在这里！"

接着，他又检查了随身的衣服、盘缠，一切都原封不动。他又愣了半晌，自言自语："和尚在，衣物、盘缠也都在，那么，我呢！我到哪儿去了？"

这是一个笑话。可怜的公差连自己与和尚都分不清，自然难逃其厄运了。

这则故事看似是一个笑话，但是在现实生活中，可以发现有许多人像公差一般，不明白"自己"到底为何活着。换句话说，就是浑浑噩噩的活着，为生活而生活，从来没有仔细想过自己到底要干什么，有什么长处，有什么缺点，甚至不了解自己的个性。

"我是谁？"这个看似简单却又令人无法明确回答的问题，相信你时常会遇到。如果真让你回答"我是谁？"这个问题，相信你也不一定能准确地回答。

其实，这个问题牵涉到你能否正确认识"自己"的存在。我们生活在一个纷繁复杂的社会，各式各样的干扰模糊了我们的视听，造成"认知"和"实际"上的差异。再加上潜意识中与人一较长短的竞争心，所以，我们对自己内在真实的"我"的认知是既模糊又不正确的。我们常常人云亦云，没有自己的主张、见解，安于被他人操纵，因而陷入了失去自我的迷茫中而不知自己是谁。

有时，我们真的很需要一面镜子，来照一照自己的相貌，用心看一看自己到底是什么样子，自己是谁。全面、正确地认识自己，是身处当今竞争激烈的社会中的你必须做的一门功课。一个对自己的能力、特质都不清楚的人，是无法去参与竞争的，就如同一个"旱鸭子"偏要去参加游泳比赛一样，失败那是意料之中的事。

所以，你必须先认识自己，找到一个真实的"我"。这样，当人们还在迷惘地面对"我是谁?"这个问题时，你就可以非常沉着而冷静地回答："我就是我!"

认识自己，是走好人生的第一步；彻底认识自己，是人生最重要的主题；认识自己并且在人生战场中运筹帷幄，是人生的大智慧。老子说得好："知人者智，自知者明。"

在古希腊德尔菲神庙的阿波罗神殿中，镌刻着一句人生箴言，被人们视为神谕。箴言是："认识你自己"。

这句箴言虽然镌刻在神庙的石碑上，但是它的精神却存在于世界各地，存在于每一位渴望成功者的心里。因为认识你自己是每一个人一生中所难以回避的问题。你对自己认识得越准确，你选择正确道路的可能性就越大。你选择的道路越正确，你取得成功的可能性也就越大。由此可见，认识自己何其重要。

（三） 发现"真正的自我"

如果乌鸦没有发现"真正的自我"，一定要练出甜美的歌声，那么它注定会失败。如果大象没有发现"真正的自我"，一定要达到猴子般的灵活，它也注定会失败。如果一个人不能够正确认识自我，他将会失去很多成功的机会。当他感到不适应或者精力不能集中的时候，他的判断和选择往往会产生偏差，无法发挥出最佳状态，甚至会做出一些愚蠢的事情。牛顿在晚年没有认清自己，以至于花费了几十年时间来证明上帝的存在，最后郁郁而终。

　　认识自己似乎很容易，但实际上却是一件很艰难的事情。古希腊的哲学家曾经对"认识自我"有过很深入的研究，并且认为认识自己是一件很难的事情。由于每个人都愿意承认自己的优点，而不愿面对自己的缺点，因此，很多人在看到自己的缺点和不足的时候，往往会蒙上自己的眼睛，或者像鸵鸟一样把头埋在沙土里。

　　那么，怎样才能发现"真正的自我"呢？心理学家认为，自我评价和自我认识是由"物质自我"、"社会自我"和"精神自我"三个要素所构成的。

1. "物质自我"——我拥有什么

　　"物质自我"是指对自己的身体、衣着以及家庭经济状况有一个恰当的评价。追求的目标要量力而行，物质上的享受也要符合自己的经济承受能力。比如一个刚刚进入社会的青年，如果要求自己很快就拥有别墅、名车等高级消费品，显然是不现实的，这属于物质自我认识的错位。

2. "社会自我"——别人怎么看我的

　　"社会自我"是指对自己和亲戚朋友在社会上的名誉地位有一个正确的评价。富有理想，珍惜名誉，对事业具有较高抱负，以百折不挠的拼搏精神去实现它，这是我们的时代精神，也是心理健康的标志之一。如果过分的争强好胜，爱出风头，甚至不择手段地沽名钓誉，这种虚荣心就偏离了社会自我的正确评价，在现实生活中难免会遭遇挫折和失败。

3. "精神自我"——我究竟怎么样

"精神自我"是指对自己的智慧、能力和道德水平等方面的正确评价。例如，对好坏、是非、善恶等道德行为的认识和评价；对自己和别人的道德行为所引起的内心体验，即道德情感的评价；以及对通过言谈、举止表现出来的道德行为的评价。

"认识自我"是每一个人在一生中随着时间和年龄的增长，所必须面对的一个不变的主题。你对自己的认识越准确，你选择正确道路的可能性也就越大；你选择的道路越正确，你取得成功的可能性就越大。因此，发现"真正的自我"是走向成功人生的第一步。

（四）透过别人的眼睛看自己

小美很早便下定决心，大学毕业后要到某个偏远地区教书，因为他从小就非常向往那片神秘土地的风土人情。

一次，他无意中向一位好朋友透露此事。本以为朋友会非常赞成他的想法，不料，朋友却当场泼他冷水。

朋友说："你的志向很不错，但是你显然没有认清楚你自身的特质。首先，你说话速度太快，而且口齿不清，有时连我都听不清你在说些什么，更何况是小孩子？其次，你不熟悉那个地区的方言，沟通上会遇到很大的障碍；第三，你对那里的生活、风俗、气候等都了解太少，只凭一股热情，没有考虑到实际生活情况，这样是不行的。所以，我劝你还是要三思呀！"

小美听了，既惊讶又感激。惊讶的是，他从来没有意识到自己有这些不适合当教师的缺点；感激的是，幸亏这位朋友愿意毫无保留地指出自己的缺点，否则自己会永远生活在自以为是当中。

后来，小美发愤苦练该地方方言，并且在和人交谈时，时刻纠正自己说话的语病和速度，并到图书馆借阅了大量的关于该地区风土民情的书籍。

大学毕业后，小美如愿以偿地去了自己向往已久的地方任教了。

在现实生活中，类似小美的例子不胜枚举。

只是非常可惜的是，讲真话是要有勇气的，听真话的人是要有胸襟和度量的。能像小美的那位好朋友那样勇于直谏的人太少了，很难听到朋友坦诚地指出你的缺点。你多半生活在虚伪的假象中，要真正意识到"我"，是相当困难的。

综观中国历史，贤明的君主寥寥可数。主要是因为在位者生活在谗言中，对自己施政是否得适，只能透过大臣的奏折或近侍宦官的进言来获知，不知广纳谏言，等到国之将亡时，徒呼"天亡我，非我之过也"，岂不谬哉！

要想透过他人的眼睛来认识自己，除了有益友坦言指正以外，其他的途径可以说是少之又少。试想在现实生活中，能向你直谏的人有几个？所以人要认清自我确实不容易。

其实，事情也不是全然悲观，关键在于我们是否有敏锐的观察力和洞察力。有一种很有效的方法，可以帮助你认识自己，遗憾的是绝大部分人都忽略了——那就是和人争吵。与别人争吵，能够透过别人的眼睛来看自己。

在与他人争吵中，他人往往会把平时对你的看法如实表达出来，而这些正是你必须看清的盲点所在。

只是当时，你的心中会充满了愤慨，认为他人的看法是对你的污蔑，根本不是事实，如此你又和认清自己的机会擦肩而过。

另外，你还可以透过观察做事时或者说话时他人的反应来认识自己。

你想知道别人是怎么看你的吗？心理学大师查尔斯的心理测验《你知道别人是怎么看你的吗》能够帮助你看到——

1. 在一天之中的哪个时段里，你觉得自己的状态最好

A 早晨　　　　　　　B 下午接近黄昏时　　　　　　　C 晚上

2. 你走路的步伐通常是

A 以大步伐快走　　　　　　　　　B 以小步伐快走

C 抬头挺胸，以较慢的步伐环顾四处人群　　D 低着头，快步向前

E 非常慢

3. 通常与别人交谈时，你会用什么姿势

A 站立，并且双手交叉　　　　　B 紧握双手

C 将单手或双手放在屁股上　　　D 触碰正与你交谈的人

E 挠耳朵、摸下巴或者清理头发

4. 当你放松时，你的坐姿是

A 屈膝，并且双脚并拢　　　　　B 双脚交叉

C 双脚升直　　　　　　　　　　D 一脚弯曲

5. 遇到觉得好笑的事，你的笑声是

A 尽情大笑　　　　　　　　　B 咧开嘴笑，但不至于太大声

C 私下窃笑　　　　　　　　　D 开口微笑

E 抿嘴微笑

6. 当你参加 PARTY 或是出席社交场合时，你会

A 制造噱头，从而吸引每个人的注意

B 静静入席，快速找个认识的人交谈

C 尽可能地躲开人群，而且呆在一个没有人会注意到的角落

7. 当你专心投入工作时，突然被中途打扰了，你的反应是

A 不在意　　　　　　　　　B 非常恼怒

C 介于两者之间

8. 你最喜欢的一组颜色是

A 红或橘　　　　　　B 黑　　　　　　C 黄或浅蓝

D 绿　　　　　　　　E 深蓝或紫红　　　F 白

G 棕、灰或紫

9. 晚上进入梦乡前的片刻，你躺着的姿势是

A 背升直　　　　　　　B 头耷拉着，背部靠在靠枕上

C 头枕着手　　　　　　D 把头缩进被子里

10. 你经常梦到

A 坠落　　　　　　　　B 反抗、挣扎

C 寻找某人或某事　　　D 飞行或漂浮

E 愉快的梦

记分方法

	1	2	3	4	5	6	7	8	9	10
A	2	6	4	4	6	6	6	6	7	7
B	4	4	2	6	4	4	2	7	6	2
C	6	7	5	2	3	2	4	5	4	3
D		2	7	1	5			4	2	5
E		1	6		2			3	1	6
F								2		1
G								1		

21 分以下

一般在别人看来，你是一个害羞、容易紧张、优柔寡断的人，需要被照顾，遇事总是需要别人来做决定，而且从不想介入任何和人和事，惟恐惹是生非。别人会把你当成是一个杞人忧天者，常担心一些不存在的问题，也有人认为你是毫无趣味的人。只有很了解你的人，才认为你不是如此"窝囊"。你的问题就在于自我封闭太严重，从不让过多的人靠近你。

21—30 分之间

你的朋友认为你是一个稳重而勤劳的家伙，他们觉得你做事的态度非常谨慎，认真细致，很少出差错。假如你做事冲动或只有三分钟热度，那将会十分令人惊讶。在朋友们看来，你会从每一个角度小心地审视每一件事，然后，通常你会投反对票。他们觉得你做出这样的反应，一部分缘于你谨慎的本性，一部分是因为你对不确定的未来怀有一种恐惧。

31—40 分之间

在别人眼里，你是个敏感、谨慎而且实际的人。他们觉得你有着惊人的天赋，同时又很谦虚。你这种人不会太快地将某人当成朋友，但是，一旦建立友谊就不会轻易被动摇。你对朋友相当忠诚，甘心付出，不求回报。但是，如果你们的友谊真的出现了裂痕，那么对你来说就是相当难修补的了。

41—50 分之间

别人会觉得你是一个精力充沛、风趣活泼，并且能够给大家带来快乐的人。你通常是大家注意的焦点，但却从不因此骄傲自大。大家认为你善良并且善解人意，能够给他们带来鼓励和帮助。你常常会被朋友们当成模仿的偶像。

51—60 分之间

在朋友们的眼里，你是一个天生的领导者，能够迅速做出判断和决定。但是，他们也会觉得你的性格容易冲动，脾气反复无常。而你的某些行为，会让他们认为你是一个喜好冒险、乐于迎接挑战的人。你所散发出来的激情，能够强烈地感染他们，让他们愿意和你在一起。

60 分以上

大家认为你看起来有点爱慕虚荣，常常以自我为中心，而且有着很强的支配欲。别人可能欣赏你，而且希望自己能够像你一样，但是他们始终不会信任你，而且也不愿意和你有过多的交往。

（五） 立志是成功的第一步

蜀国的边境，住着两位僧人，一个贫穷，一个富裕。有一天，贫者对富者说："我打算到南海云游，你认为如何？"富者回答说："从这里到南海，有几千里路，而且南海风浪滔天，你没有盘缠，也没有船，如何去呢？"穷和尚回答说："我只需要一瓶、一钵便足够了。"富者面露讥笑，并未作答。

到了第二年，穷和尚从南海云游回来，告诉富和尚沿途经历和奇闻轶事，富和尚不禁惭愧至极。

是啊，人只要及早立下志向，就能与贫穷和尚一样完成长年夙愿并获得成功！

然而，像富裕和尚那样的人却很多，他们没有志向，没有抱负，对自己将来要成为什么样的人，要做什么事，都不知道。对自己的努力方向一点也不明确的人，自然谈不上拥有完成志向的勇气和决心了。

相信大家都曾听过飞蛾扑火的故事。在夏秋的夜里，飞蛾常会自窗外飞进来，把日光灯管撞得丁当作响。如果是煤油灯或者蜡烛，则飞蛾的羽翅常被烧毁，短短的生命就这样结束了。从昆虫学的角度来看，这是生理繁殖的必经过程，但换个角度想，它们追求光明、追求理想的决心和勇气，实在让人感动。

在小时候上学时，老师经常问我们，"你长大后做什么?"也许那时的你会说："我要做科学家"、"我要当工程师"、"我要做医生"、"我要当老师"……但事隔多年，请问你的愿望实现了吗? 实现了多少呢? 当然，也许有一部分人实现了，但有更多的人却事与愿违。也许有的人是随着年龄的增长，儿时的志向改变了; 有的人则是得过且过，早忘了儿时的志愿了。

想当初，项羽年少时，学习识字并没有突出的成绩; 便放弃学字，去学习剑术，不久又不了了之。叔父项梁很生气，项羽却回答说："学字，只能够记住姓名罢了; 学剑，只能战胜一两个人，不值得学。要学就学击败数万人的事。"于是，项梁就开始教项羽带军之法。项羽大喜，但在略知兵法大意之后，又不肯深入去学。

秦始皇，游渡钱塘江，项羽随项梁一起去观看。秦始皇仪仗队伍宏大华丽，项羽说："彼可取而代也!"项梁急忙捂住项羽的嘴，在他耳边小声警告说："不要乱说，这是灭族的大罪!"从此项梁才开始重视项羽。在秦二世时，陈胜吴广揭竿起义，项羽应时而起，一举推翻暴秦。

我国杰出的生物学家童第周，在学生时代，就确立了"中国人不是笨人，应该拿出东西来，为我们民族争光"的学习目的，使自己的学习热情越来越高。他在比利时研究实验胚胎学时，同宿舍住着一个研究经济学的俄国人，他很瞧不起中国人，嘲笑中国人是"东亚病夫"。童第周愤怒地对他说："不许你侮辱我的祖国，这样好不好，你代表你的祖国，我代表我的祖国，从明天起，我不去实验室，和你一起研究经济学，看谁先取得学位。"那个俄国人不敢应战，赶紧溜掉了。经过 4 年努力，童第周以优异的成绩取得了博士学位，他尤其擅长于在显微镜下做当时外国人还不能做的精细手术，得到了欧洲生物界的赞扬，受到世界许多专家的瞩目。

年轻的数学家肖刚，上小学时就确立了攀登科学文化高峰、为祖国富强作贡献的学习目的。他只读到初二就到农村劳动，他凭着顽强的自学，达到了大学水平，1977 年 10 月被破格录取为中国科技大学研究生。肖刚于 1984 年获法国博士学位，回国后仅两年就被聘为教授，同年被国务院学位委员会批准为博士生导师，成为我国最年轻的博士生导师之一。

革命家李大钊说过："青年啊，你们临开始活动以前，应该定定方向。比如航海远行的人，必先定个目的地。中途的指针，总是指着这个方向走，才能有达到那目的地的一天。"

古往今来，成大事做大业者，无不是在小时就立下远大的志向。甚至我们可以说，立志是成功的第一步，这一点也不错。因为没有志向，就没有奋斗的目标；没有目标，也就谈不上决心、勇气和自信。一个人有远大而又切实可行的志向，内心便会爆发出不可遏止的巨大潜能，可以不畏艰难，百折不挠，把自己的潜能充分地发挥出来。

（六）科学的设定目标

曾经有个人他想在十年后买一套房子。于是他开始奋斗赚钱存钱。

一次他儿子对他说："爸爸，同学都去了夏令营，我也想去。"他爸爸问要多少钱。当他听到这个数目后，说："儿子，爸爸现在的钱是准备买房子的。"

又一次儿子说："我们在这住了这么久，最大心愿是回家乡看看，你给我一点钱，加上我们积蓄，让我们回家一趟好吗?"当他听到这钱的数目后，说:"不行啊，我要积钱买房子啊!"

再一次他老婆对他说:老公啊，你看我们天天上班，现在有时间了，能不能出去旅游放松一下啊? 当他听到钱的数目同，说:不行啊，我要积钱买房子的啊。

过了十年，他终于买到了他的房子，可是身边的人都离他而去。父母八年前因病去世，儿子由于没有受好的教育犯法进了牢房，妻子不能忍受这样的生活离开了。

什么叫成功? 成功就是将自己设定的目标实现。科学的设定目标是成功的第一步。他拣了芝麻丢了西瓜，因而即使成功了，也是惨不忍睹的。所以说在确定目标前一定要知道自己的目的是什么。当你真正明白自己目的后就是确定自己的目标。

当我们在十几岁的时候，我们就知道，自己要有远大的梦想，要有巨大的目标，我们每天想办法要达成这些目标，却不见成效。我们的目标真的实现了吗? 答案是没有。

我们不断地阅读成功的书籍，不断地上各种有关成功的课程，这些书籍和课程都告诉我们:"每一个成功的人都有伟大的梦想。"我们照着他们的方法去做，可是却没有成功，这到底是为什么呢? 记住!梦想一定要远大，但是，设定的目标一定要合理。

定短期目标一定要现实，因为你屡次失败会让你失去斗志。确定目标后就是搜集有关的信息，分析自己现在还缺少什么还需要什么怎样去实现它? 然后分解成很多小目标。目标一定要量化，比如说我的目标是今年一定要赚很多钱，一万是很多钱，一亿也是很多钱。所以目标一定要视觉化，我今年一定要赚一百万。量化的目标容易去检讨。比如说我这两个月要学好模拟电子技术这门课而且要打 90 分。两个月后如果我达到了我奖励我买一件衣服，本来这衣服我必须要买的，自我激励非常重要让你更加有信心。如果没达到要受什么样的处罚，并且处罚一定要严厉，这样才使自己有危机感。

很多人设定目标，一定会先拟定一大堆目标，然而却没有设定具体合理的期限，这些目标是不会达成的。一个没有期限的梦想或目标，效果是非常有限的。

每一个目标都需要有具体完成的期限，然后再把每一个期限分割出每一个月甚至是每一天的工作——如果我七月份要达成一个目标，在一月份要达成哪些事情，在二月份要达成哪些事情，三月份要达成哪些事情，四月份要达成哪些事情，在五月份要达成哪些事情等等。

这样的一个规划方式，会让你的生活更有系统，更有组织，你会感觉办事更轻松、更能够事半功倍；达成目标的机率，也会有非常大的提升。

（七）　成功一定要有计划

有四只毛毛虫为了能够吃到苹果，第一只毛毛虫跟随着大众的足迹，辛苦一生，却并不知道自己在做什么；第二只毛毛虫以吃到大苹果为"虫生目标"，为此他不懈努力，但他最终也只找到了一个酸酸的小苹果；第三只毛毛虫拥有一个望远镜，但大苹果却因为它的犹豫而被其他虫捷足先登；第四只毛毛虫，因为有详细的计划，最终实现了他的"虫生目标"！

每个读完故事的人都希望成为第四只有详细计划吃到苹果的毛毛虫，但又有多少人能够做到呢？

一般人都没有计划，有人曾经说："没有计划，就是正在计划失败。"

　　你是否也正在计划失败呢？我想，没有人愿意计划失败，但是，你可能犯了这样的错误——没有计划。

　　成功的人士都是善于规划他们自己的人生，他们都知道自己要达成哪些目标，拟订好优先顺序，并且拟订一个详细计划。

　　为什么要用"详细"两个字呢？因为计划百密一疏是没有用的，你可能不会被大象踩死，可是你会被蚊子叮到。

　　蚊子就是你疏忽的地方，你的计划一定要详细，要把所有要做的事都列下来，并按照优先顺序排列，依照优先顺序来做。

　　有的时候没有办法百分之百按照计划进行。但是，有了计划，是提供我们做事架构的优先顺序，让我们可以在固定的时间内，完成我们需要做的事情。

　　在人生当中，你没有办法做每一件事情，但是你永远有办法去做对你最重要的事情，计划就是一个排列优先顺序的办法。

　　当你把优先顺序排定之后，做起事来会非常轻松，非常有效率，而且，当你做完之后，保证成功。

　　千万记住，凡事要有计划，有了计划再行动，成功的机率会大幅度提升，只有行动，没有计划，是所有失败的开始。

　　你有计划吗？你与"计划"有缘吗？

　　现在，你站在一间没有任何装饰的房间里。你刚刚乔迁至此，这间房子里除了你别无他物。因此，你决定在墙上装饰点东西。因此，你走到街上，看到照片、挂历、画、挂钟，每一样都十分精美。你会选哪一件装饰这间房子呢！

　　1.　照片

　　2.　挂历

　　3.　画

4. 挂钟

1. 选择照片的人：

希望发生戏剧化的"事件"。你对每件事情都充满好奇，但大多数的时候很在意别人的目光，故而常常流于追逐时尚。你很容易冲动，没有耐性，与"计划"一词无缘。

2. 选择挂历的人：

你比较虚荣、贪心。行为举止往往不事装饰，做事冲动而不顾危险；既不按计划行事，也没有实际操作的经验。由于贪心作祟，制定出来的计划统统是不切实际的。

3. 选择画的人：

缺乏现实观念。即使开始做一件事情，由于没有计划能力，在希望与现实之间总是有差距。实现愿望的行动力总是不够，但有时却能如愿。

4. 选择挂钟的人：

你是在做事之前，一定要做详细计划的那种人，不这样就会觉得不放心。因此，当你行动时，已有相当成熟的计划，就连买一件衣服，也会预先确定从颜色到样式、价格。不过，在处理突发事件上往往缺乏灵活性。

（八）自己的命运自己掌握

项羽战败退兵至垓下，四面楚歌，想东渡乌江东山再起。乌江亭长对项王说："江东虽小，地方千里，十万人，足以称王，请大王急渡！今只有微臣有船，汉军将至，也无船渡江。"项王笑曰："天之亡我，我渡江何用？况且我领江东子弟八千人渡江西征，却无一人生还。纵然江东父老怜悯我拥我为王，我又有何面目见他们？即使他们不说，我难道不有愧于心吗？"当时叛将王翳带领汉军追至江边，于是项羽拔剑自刎。

陈胜少时，曾与人一起受雇耕种土地，在田埂上休息时，惆怅愤懑地说："如果日后富贵了，不会忘记今日之事！"雇农讥笑他说："你受雇耕田，何时能富贵！"陈胜叹息说："唉，燕雀焉知鸿鹄之志！"陈胜于大泽乡揭竿起义，项羽无寸土之地而称西楚霸王。虽然两人少时都有远大志向，项羽敢夸言取皇位而代之，陈胜胸怀鸿鹄之志，而两人的境遇之所以大相径庭就在于他们对命的诠释：项羽兵败时不愿东山再起，反以"天亡我，非用兵之罪也"而自刎；陈胜则乘势而起，抱着"王侯将相宁有种乎"而成功。

我们常常听到人们有这样的叹息："这是命啊！""天意！""我没有机会"等等。在这些人的心中，天命主宰着一切，万事万物都受命运的安排。其实，他们并不是挣不脱命运的束缚，而是不敢、不愿去抗争。最终，他们只会流于平庸，做不出什么大事来。

经济学上有一个著名的希尔顿钢板价值说。大意是：一块普通的钢板价值 5 美元，如果把这块钢板制成马蹄掌，它就价值 10.5 美元；如果做成钢针，就价值 3550.8 美元；如果把它做成手表的指针，价值就可以攀升到 25 万美元。

多数人出生在普通的家庭，或许还资质平平，容貌一般，犹如一块普通的"钢板"。然而，只有那些饱受了一次又一次残酷打磨、敲击成为手表指针的普通的"钢板"，才能将自己的人生价值提高千百倍，实现人生价值的增值，从而成为一个有高附加值的人。

究竟是什么使我们在公正的时间面前有了这么大的差距，有了无法跨越的鸿沟？答案其实很简单——就是你自己。是做钢板、马蹄掌、钢针还是手表的指针，完全取决你自己。

在昏黄的路灯下，或在夏日的阳光里行走，总有一个"你"寸步不离地跟着你，那就是影子。你怎么动，影子就怎么动。你会发现在每个人心里还有一个"影子"，那就是自我，这个"影子"常常会制约着你的行动。然而，有许多人却不知道或是根本不清楚有这个"影子"的存在，可内心的自我却不论你是否清楚或知道，像一只魔手，随时指挥操纵着你，让你无法拒绝，也无法摆脱。

如果说真有"上帝"主宰命运的话，那么这个"上帝"就是自我。自我虽是心目中自己的形象，但却是真实的，不虚设的。怎么才能让自我的形象处于最佳状态呢？最好的方法是用理智引导，比如说，学习宽容自己和别人，对人处事都不能太刻薄；不要让愤怒占据你心中的宁静。更重要的是，如果是自我感到厌恶、枯燥、没兴趣的事，就应当尽量避免。

很多人都很羡慕那些明星和偶像的一夜成名、一炮走红，但又有几个人想过他们光鲜背后那些不为人知的艰辛？没有人能随随便便成功，那些明星和偶像也不能例外。"台上一分钟，台下十年功。"他们的功成名就也是"夏练三伏，冬练三九"辛苦换来的。也有很多人说他们的成功，是众力合促，才造就了他们的成功。当你这么想的时候，你忽视了一个最基本的哲学常识——内因是根本，外因是条件，外因通过内因而起作用，他们的功成名就主要是主观努力的结果。

成功是一个过程，这个过程就是努力。别人只能扶你一程，扶不了你一生。过了这一程，后面的路还得你自己走。教育家陶行知有句名言："滴自己的汗，吃自己的饭。自己的事自己干，靠天靠地靠祖上，不算是好汉。"

每个人要到达自己理想的境界，不仅要敢于上路，在路上跌倒了要勇敢地爬起来，而且要选择最佳的路线，而如何选择捷径或坦途，就需要仰赖缜密的生涯规划。

如何规划一个适合你的人生蓝图？请先设想在人生各个时期中，你会如何回答以下五个问题：

1. 我从哪里来？这个问题会让你反思自己的过去，请你想想人生的重要事件、谁对你影响最深以及受过的教育。如此一来你便能清楚地了解自己成功、失败的所在。

2. 我现在在何处？审视目前的环境和生活状态会帮助你看清未来。

3. 我将到何处去？这个问题会帮助你确立自己迫切的实际需要、抱负和归宿。

4. 如何达到目标？为满足自己的理想，你需要什么样的准备，做什么样的努力。

5. 达到目标之后，又如何呢？请试着幻想未来人生的种种场景，去感受未来可能因成就的喜悦，以及终生学习的内心渴望。

你的命运掌握在自己的手里，你要如何安排呢？

尽管这是一个合谋的时代，但要想成功还得靠自己。所以，不要把前程和希望寄托在别人身上，不要让你的命运掌握在别人手里。自己的命运自己掌握。只有自己做自己的主人，才能最终到达成功之巅。

（九）立恒志？恒立志？

维铭报考大学填志愿时选了财务会计，因为当时社会上极缺乏会计人才。读了一年之后，法律专业开始热门了起来，他又转到法律系。到了大三，维铭认为无论学财会还是学习法律，都不如掌握金融命脉来得有用，于是，他又转而学习企业管理。在大学期间，他还利用课余时间，学钢琴、学开车、学电器修理和烹调等技能。

大学毕业后，他任职于一家大公司的基层职员，两年过去了，并没能得到表现的机会。在一次公司举办的舞会上，维铭的钢琴演奏令老板大为欣赏，就聘他当自己女儿的钢琴家教。与老板接触的机会多了，老板发现他具有多种的技能，便拔擢他为部门主管。从此，他的事业飞黄腾达了起来。

在传统观念里，像维铭这种不定性的人是不会出头的。人们总会认为，恒立志是不好的；人们深信"术业有专攻"，认为一定要专心一意去研究一门学问，才能有所成就。但是，并非恒立志就真的不好。

现代科技日新月异，社会急剧变化，对人才的要求也与以往不同。当今需要的是通才型的人才，既要求专业知识精深，又要求其他知识广博。因此，今年立志学文学，明年立志学电脑，后来又立志学医学或烹调的恒立志者，也不像以往会遭人非议。

恒立志的确可以增加知识的层面，却不能起了头就无疾而终。下列这则故事，或许你能得到一些启发。

有一只猴子，抱着一大把香蕉，高高兴兴地回家。在经过一大片玉米田时，猴子见玉米又大又嫩，便跑到田里偷摘玉米，但又拿不走，只好把怀中的香蕉全部丢弃在路旁，抱着一把玉米回家。猴子抱着玉米往家里走时，又看见路旁田里有又大又好的西瓜，便又跑去摘西瓜，西瓜太大，猴子丢掉玉米只拿西瓜。猴子抱着西瓜往家走时，心里很是高兴，一路上哼着歌。就在这时，瓜农拿着木棒追了过来，猴子丢下西瓜便跑，好不容易逃回家，累得半死，却一无所获。

像故事中这只猴子没有定性"恒立志"委实不可取。切记：立了志，如果不进一步努力，最终也会一事无成的。那到底是恒立志好呢，还是立恒志好？时代在变化，先前立的志可能和瞬息变化的社会脱节，那就得顺应时代潮流做适当的改变，如果所立之志符合时代发展的大趋势，那就应当把它作为恒志，持之以恒。正所谓"绳锯木断，水滴石穿"。

社会需要通才型人才，最好能立恒志与恒立志结合起来，打破"有志之人立恒志，无志之人恒立志"的传统观念。

（十）永远不要满足于眼前

有这样一则故事：徒弟去见师傅，说："师傅！我已经学够了，可以出师了吧？""什么是学够了呢？"师傅问。"就是我的脑子满了，装不进去了。"师傅说："你去装一大碗石子来吧！"徒弟照做了。

"满了吗？"师傅问。

"满了。"

师傅抓来一把细砂，掺入碗里，没有溢出。

"满了吗？"师傅又问。

"满了。"

师傅抓起一把石灰，掺入碗里，还是没有溢出。

"满了吗？"师傅再问。

"满了。"

师傅又倒了一盅水下去，仍然没有溢出来。

"真的满了吗？"

……

1. 你的碗永远都不会装满！

成功者和常人的差别在于，常人只能看到面前的一片天空，而不知道远方还有更高更远的天地值得他们去开拓。所以，智者总是从长远的角度看问题，他们胸怀远大的志向而永远不会满足于眼前，而愚蠢的人只有眼前的利益。

古语中有"只见树木不见森林"的说法，就是说一进入森林，人们眼里都是一棵一棵的树，而无法看到整个森林。对于人生来讲也是一样的，我们眼前的每一个小的目标都是一棵树，也许在你的周围有很多的小目标，你自己有很多的近期理想，但是你千万不要沉溺于眼前的利益，而要从长远的角度看问题。

任何一位大英雄都曾经是一个小角色。从小角色到大英雄的过程当中有很多台阶要上，上每一个台阶都需要经过努力。如果你仅仅满足于眼前的几个台阶，那么你就没有持久的驱动力，你就会停留在半山腰而结束你的人生征程。周恩来总理，从小就树立了"为中华之崛起而读书"的远大目标。此后的岁月中，他有无数次选择安逸舒适的生活，享受高官厚禄的机会。这些机会对于当时的国人而言，无疑是功成名就的最好选择。但是，为了让祖国崛起的远大目标，周恩来毅然放弃了这些所谓的机会，选择了血与火、粗茶淡饭，经过九死一生，与志同道合者共同铸就了共和国的辉煌。

微软的创始人比尔·盖茨考上哈佛大学之后，本来可以和其他同学一样安安稳稳地找一份工作来生活，可是比尔·盖茨没有选择安详平静的小溪，而是选择了漫无边际的风暴。他选择了离开，离开了那个令世人景仰的名牌大学而自己创业，从而成就了今天的微软帝国。比尔·盖茨就是没有满足于眼前的利益，而是从长远的角度来看问题，因此他走的路比别人多，也比别人长，这是很容易理解的。

2. 满足者常常会掉进骄傲的陷阱

不满足于现状不仅仅能够为你提供自强不息的动力，也是一个人自身修养的关键。一个容易满足的人，一个容易自满的人，常常会显得比较骄傲，这样不仅会限制自己的发展，还会损坏自己的品性。

有这样一个故事：大才子苏东坡，自以为才华盖世而感到满足。常常和一些文人墨客谈古论今。他在反驳别人的论点时，常常弄得别人狼狈不堪，他自己却因此而感到非常骄傲。

一天，他去寺庙里去游玩，刚好碰上佛印大师在讲经。讲的就是《佛祖后记》里记载的一则释加牟尼传授心经的故事。

梵王至灵山，以金色波罗花献佛。舍身为床垫，请佛为众生说法，世尊登座，拈花示众，人天百万，悉皆罔措，独有金色头陀，破颜微笑。世尊云："吾有正法眼藏，涅槃妙心，实相无相，微妙法门付嘱摩诃迦叶。"当方丈说到"正法眼藏乃一真一切真"，"一法摄万法"，是"一即一切"，"一实相印"，是禅宗可以传承得伟大心印之时，苏东坡便开始和方丈辩法。

两人争辩了许久，双方都没有得到满意的答案。最后，东坡提议各自说出对方在自己目中的形象，以论胜负。

东坡先问："大师，你看我像什么？"

佛印毫不犹豫地回答："学士像一尊佛。你看老僧像什么？"

东坡看见佛印穿一件黄色僧袍，人又矮又胖，盘腿而坐在那里，黄乎乎的一堆，心里就想笑。可一想到和佛印每次讲禅，都输于佛印心里实在有些不服，今天总算找个机会，可以趁此羞辱他一番。轮到东坡时，他对方丈说："我看你就像一堆牛屎。"

佛印听到后感到非常吃惊，先是沉默不语，然后是哈哈大笑，却无言以对。东坡自以为驳倒了佛印，好生得意。就满心欢喜地回家去了。

回到家里，正好看见小妹苏小小在画画。他就得意的把他反驳佛印的事告诉了妹妹，想得到妹妹的赞许。可是，当苏小小听完后，只是长长地叹了一口气。东坡急忙问妹妹为何叹气？

苏小小讥笑道："哥哥你输了，而且是输得很惨，我真为你感到羞愧，你还自以为很得意。"

苏东坡感到非常吃惊，百思不得其解，忙问其原因。妹妹告诉他：佛印说你像佛，是因为他心中有佛，而你心里装的是牛屎，所以，你看别人就像牛屎。正如佛法里所说的："正法眼藏"乃"一真一切真"，"一法摄万法"，是"一即一切"，"一实相印"。

东坡顿时明悟，从此以后改掉了骄傲自大的毛病，更加谦虚好学了。

苏东坡乃一代宗师，本来应该是很有涵养的，但是由于自己的自满，而掉进了骄傲的陷阱。如果他总能够看到别人身上的优点，能够收敛自己的言行，就不会说出那样没有涵养的话语了。

一个真正的成功者，常常是谦虚的，因为他的眼光总是在远方而不是在自己的脚下，他总是觉得自己有很多东西还不知道，总是觉得自己有很多事情还没有去做，总是觉得自己应该有更大的成就，所以他总是不满足的。

一个民族最危险的做法就是墨守成规，不思改革；一个人最糟糕的行为是知足常乐，不求进取。要树立起竞争观念，就必须破除知足常乐的旧观念。所谓"知足常乐"，就是满足自己的眼前所得，保持自己的安乐。这种处世态度，并不单指日常生活不奢求，也是一种保守主义、利己主义的人生哲学。中国春秋时代的老子宣传"无为而治"，提倡"知足"、"知止"、"无欲"、"不争"。他认为人生在世如能满足自己的所得，如此不争，不但可以保持内心的清静和愉快，而且还可以免遭屈辱和灾祸。即所谓"知足不辱，知止不殆"，"祸莫大于不知足"，只有知足知止，无欲不争，才能长乐久安。显然，这是一种保守的、消极的人生态度。

首先，知足者的知足，不论是夜郎自大还是甘居中游，都是形而上学思想的表现。它不仅违背事物发展的规律，而且也不符合人自身进步的内在要求。事物是在不断变化、发展的，人生也总得有所发现、有所创造。永不知足地积极进取，自强不息，在学习、劳动和工作中，永不满足于已有的成绩，总是看到不足，以成绩为起点，向着更高的目标积极进取，就会不断达到新的成就，在日新月异的进步中得到安乐和幸福。生活的经验证明，"乐"不在于"知足"，而在于"不知足"；知足者常忧，不知足者常乐，这才是人生的逻辑。

其次，在"知足常乐"这种处世哲学的背后，隐藏的是狭隘的利己主义打算。它所追求的快乐，是个人"知足"之乐。这样的知足一旦得不到，就会产生对生活的不满、妒忌，甚至是对人生的失望。因为这种追求所满足的只是一个"自我"，如果这个"自我"不能满足，那么仅有的一点得意和快乐就会转化为痛苦。

当然，指出"知足常乐"的人生哲学的狭隘和片面，并不是说在任何情况下都不能讲知足。知足还是不知足，要看具体情况。在一定意义上，"知足"也可以使我们通过今昔对比，更加珍惜今天和幸福，防止因物质享乐欲望的不知足而贪婪和堕落。但是，决不能离开自强、发展而去妄谈知足。对于"不知足"也要做具体分析，并不是任何"不知足"都是可取的。那种好高骛远、贪得无厌的不知足，同消极的自私的"知足"一样，也会破坏正常的、积极的竞争和协作。

第二章　调整心态　控制自我

（一）心态决定成败

　　有一位秀才已经是第三次进京赶考了，他仍然住在自己以前住过的旅店里。

　　考试的前三天他做了三个梦：第一个梦是梦见自己在墙上种了一颗白菜，第二个梦是下雨的时候自己戴了斗笠同时还打着一把伞，第三个梦是梦到自己跟心爱的表妹背靠着背躺着。

　　这位秀才第二天赶紧去找了一位算命先生来解梦。算命先生听了秀才讲的三个梦的内容以后，拍着大腿对秀才说："我看你还是回家去吧，这次你的考试凶多吉少啊。你想想吧，在高墙上种菜这不就是白费劲吗，既戴斗笠又打雨伞这不是多此一举吗，跟你心爱的表妹背靠背躺着，不就是没戏了吗。"秀才听完算命先生的一番解释后，心灰意冷，就回店收拾包袱准备回家。

　　旅店老板看到后觉得非常奇怪，就问："不是明天就要考试了吗，今天你怎么就准备回家去了？"秀才便一五一十地把自己的三个梦说给老板听。店老板听后就乐着说：我也是经常给别人解梦的。我倒是觉得你这次一定要留下来。你想想啊，在墙上种菜不就是高中吗？戴着斗笠还打雨伞不正是说明你这次来考试是有备无患吗？跟你表妹背靠背躺在床上，不正是说明你翻身的时候就要到了吗？

秀才一听，觉得这个说得更有道理，于是精神振奋地去参加考试，居然还中了探花。

中国有句古话："性格决定命运，气度影响格局。"其实决定命运的因素有很多，决不仅仅是性格。在这句话的后面应该再加上一句"心态制约成败"。这是因为一个人的心态对于成败是很重要的。同样的一件事情，因为心态的不同可能会出现截然相反的结果。无论是谁，你的心态确定你如何走上征途。你如何思考，将有力地影响你的成功之旅。积极的人，像太阳，照到哪里哪里亮；消极的人，像月亮，初一十五不一样。想法决定我们的生活，有什么样的想法，就有什么样的未来。

你的态度越好，你的前程越远大。《财富500强》研究发现：94%的成功者都将他们的成功归于态度而不是别的因素。这表明，如果你想在成功路上走得更远，你一定要有积极的人生态度和事业态度。

态度不仅能够影响到事业的发展，也能够影响到你生活的方方面面，乃至你的健康。医院中有很多身患绝症的病人。其中有些人持有积极的态度，有些人持有悲观的态度，结果前者中有很多人在十年后依然健在，而后者中有很多在十年后已经谢世。

你的态度在一定程度上意味着成功与失败的差距。良好的态度能给你补充充分的心理能源，使你积极去追求自己的目标，从而在生活中撒下惠及他人的种子，这一切将会改变你的生活。纵观古今中外的名人，你会发现所有伟人都拥有乐观的人生态度和积极的生活态度，即是在巨大的压力下也绝不会灰心丧气，他们总是看到事物发展中好的一方面，并向光明的方向不断地努力，最终获得成功。

那么赢者的心态是什么呢？

每个人的自我创造系统都是有意识的。换句话说，它是按照目标及结果发挥它的作用的。一旦你为它确定了一个要达到的目标时，它就一定会用它的自动引导系统，会凭着自己有意识的"意志活动"带来更好的结果。

要达到这种境界——"你"就要提出目标，而且要提出一个能启发你的创造能力的目标，并必须以现在的可能性去考虑其最后的结果。目标的可能性一定要非常明确，使它能在你的大脑及神经系统中留下"真实"的印象。实际上，你要能真实地感到现在已经达到目的才行。

如果我们念念不忘失败，而且不断地把失败的印象灌输给我们的大脑，我们的神经系统会确认它是真实的，那我们就会产生失败的感觉。

相反，若我们头脑中一直充满着积极目标，并不断地把这个目标向自己灌输，使它更加清晰。同时我们把它看作是一个已经实现了的事实，那我们就会产生一种"胜利的心态"：自信、勇往直前并且深信能够成功。这就是赢者的心态。

如果说潜意识创造机制的运用有什么秘诀的话，那就是，唤起、抓住并启发成功的感觉。当感到成功及自信时，你就会有成功的行动。要是这种感觉非常强烈，就会无往而不胜。

"赢者的心态"本身并不会使你成功，但是它是一种象征，象征着我们正朝成功迈进。就像温度计本身并不能使其所测量的地方变得更热，不过，温度计对我们了解温度却有很大的用途。记住：当你感到必胜的心态时，你的内部机制就已经在成功的方向上定位了。

（二）赶走心灵的敌人

魏晋时代的大文人嵇康，性格古怪，对于沽名钓誉的人，总以白眼相待，难以亲近。

当时盛行服食五沸散，此药服后全身轻飘飘似神仙，且全身发热。一般的士族服用五沸散后，会身穿宽大的长袍在大街上行走来散热，而嵇康却总是脱得精光在屋内唱歌，其放浪形骸，时人为之惊诧。

他一生中最常做的事是抢着大铁锤打铁。有一天，大将军钟会慕名前来拜访，到村口便看见他正在打铁，于是静静地站在一旁等候。嵇康知道是钟会前来拜访却不加理睬，自顾自地抢铁锤。等候良久，钟会自觉无趣，掉转马头欲走，此时嵇康说话了："夫何所闻而来，何所见而去?"钟会头也没回，平静地答道："闻所闻而来，见所见而去。"

嵇康服药、酗酒，借以发泄对司马氏政权的不满、愤慨，终不为司马政权所容而惨遭杀害。

一旦忧虑、嫉妒、恐怖的心思闯进你心中，盗走你内心的宁静时，你就如同置身于坟墓般可怕，就像嵇康那般。你可以容许盗贼偷取你的财物、珠宝；可以容忍无耻小人对你诋毁诽谤，可以宽容上司、同事的误解，但你绝不能允许精神上的敌人入侵你的心灵。

忧虑、恐怖的思想便是人们精神上的敌人，它们会使人消沉、悲观。而乐观、积极、愉快的思想则会给人更新向上的力量。一个有理智，想成就大事业的人，必是能够控制自己的思想，守牢心灵的大门，给心灵的敌人无隙可入的人。

当别人嫉妒你时，你要对自己说："那是因为我比他能干。"当别人得到成功时，你不要嫉妒，是你还有些地方做得不够好。要让心中保持良性的平衡，不做有害的揣想。

拒绝不良思想的侵蚀，不要疑神疑鬼，对自己要有信心，对他人也要有信心，如此一来便可免除无谓的烦恼。

多为别人设想，常和别人亲近，做有益的事让自己忙碌起来。不要胡猜乱想，不要看轻别人的人格，不要以自我为中心，要消除自卑情绪，建立自信心。

在赶走心灵的敌人时，别忘了培养对"美"的敏锐度。美的种子一旦播种到心灵，在心灵中生根发芽，就能够诱惑更美好的事物进驻心灵的花圃，生成喜乐的绿荫。如此你的心中便没有空间容纳不良的思想。

让"美"充斥你的心灵，你就不会为小事无端苦恼，借由听音乐、做运动、旅游等有益心灵的活动，让低迷的心情早日走出谷底，缩短低潮的时间。

心灵有一个最凶残的敌人，那就是愤怒。有时发怒10分钟的后果，得用一辈子来弥补。《三国演义》中的张飞，便是一名容易冲动的猛将。关羽死后，他复仇心切，命令手下士兵火速赶造铠甲。士兵们不分昼夜赶工，仍遭到张飞的鞭笞谩骂，士兵们不堪其苦，心一横，趁张飞醉酒而把他杀了。可叹张飞一世英名，却因冲动和易怒而惨死。

人一冲动，便会丧失理智，行为失常，使得自己苦心经营的事业功亏一篑。如何使自己保持平静的心态，抑制愤怒呢？

首先，可以想办法使攻击的行为延迟到第二天再发泄。通常，经过一个晚上的思考后，激烈亢奋的情绪会渐渐消失，不至于因冲动采取破坏性的攻击行为。

其次，精神过度兴奋时，可以数数来缓和紧张的情绪。当在受到他人攻击、误解而血脉贲张时，可用冷水淋浴，也可用暗示法积极抵制，最好的方法还是制定目标和理想，把满腔的"热情"升华到工作中。

把心中的敌人赶出去吧！不要给不良的思想有任何践踏你的情绪的机会。

（三）　自信是成功的第一秘诀

小李读大一时，还很腼腆，只要在众人面前说话他就会脸红结巴。由于他的成绩优异，有一次被安排在系周会上演讲，小李为此坐立难安、寝食无味。他的一个朋友建议："你发言时，可以玩弄手中的小东西分散紧张的心情，同时你要对自己有信心，面带微笑……"小李采纳了朋友的建议，不但演讲顺利，而且赢得了满堂彩。

小李从小就立志经商，在那次演讲成功后，他的信心倍增，便着手做起小生意来。他与学校附近的菜农、果农商量好，利用课余时间摆起蔬果摊来。他和市场的小贩们并肩叫卖，与他们一起吃盒饭。刚开始他还很不好意思，见到同学、熟人就恨不得打个地洞钻下去。一段时间后，他的观念有了改变，不仅不再脸红，还敢大声招揽顾客，甚至贴出"大学生卖菜"的招牌，吸引顾客。同时他所卖的菜和水果价格公道，品质好，着实使他赚了一笔小钱。

毕业后，小李担任一家著名的文具公司的推销员，推销办公文具。第一天，他来到某办公大厦，但大楼管理员却将他拦了下来，因为在这幢大厦办公的公司都是规模大、很有名气、不接受推销的公司。第一次就吃闭门羹的小李十分沮丧。但当他在大厦外面喝了一瓶饮料，稍事休息，心情平静下来后，想起了一句话："当别人把你从门里赶出来时，你要从窗子爬进去！"他的信心又增长了起来，他偷偷从没有警卫把守的安全门进到大楼中逐层推销，结果只一个多小时他就接了好几张订单。小李深有感触地说："阎王好见，小鬼难求啊！不过，只要有信心，小鬼就算不了什么了。"

小李由青涩害羞到独当一面的成长历程，充分地说明了人应有自信，也让我们了解了培养自信的方法。

美国作家爱默生说："自信是成功的第一秘诀。"很多事实证明，自信是大多数成功人士共同具备的品质，也是一个人获得成功的重要因素。人们常说，一个人在生活中不怕被别人击倒，因为他会再次爬起来；最可怕的是自己把自己击倒，这样他就再也没有希望了。怎样才能避免"自己把自己击倒"呢？那就需要自尊和自信。

自信的确在很大程度上促进了一个人的成功，从不少人的创业史上我们都可见一斑。自信可以从困境中把人解救出来，可以使人在黑暗中看到成功的光芒，可以赋予人奋斗的动力。或许可以这么说："拥有自信，就拥有了成功的一半。自信是成功的第一秘诀。"

自信的人生是永远不会被生活击败的，除非他自己最后精疲力竭，无力拼搏。

自信是人生成功的奠基石，人的成功之路必须踏着自信的石阶步步登高。有了自信，人才能达到自己所期望达到的境界，才能成为自己所希望成为的人，才能坚持自己所追求的信仰。无论在什么情况下，自信者的格言都是："我想我能够的，现在不能够，以后一定能够的！"

自信不仅能改变周围的环境，还能改变自己。一位心理学家从一群大学生中挑选出一个最不自信的姑娘，并要求她的同学们改变以往对她的看法。在很长一段时间里，大家都争先恐后地照顾这位姑娘，向她献殷勤，陪她回家。一年之后，这位姑娘变化很大，连她的言谈举止也与从前判若两人。她认真地对人们说：她获得了新生。其实，她并没有变成另外一个人——在她身上只是展现出每一个人都蕴藏的潜质。这种美只有在人们自己相信自己，周围所有的人也都相信我们、爱护我们的时候才会展现出来。

同样两个努力工作的人，自信的人在工作时总会以一种更轻松的方式度过：当很好地完成了任务时，会认为这是因为自己有实力，当遇到实在无法完成的任务时，则认为也许任务本身实在太难。而缺少自信的人则会把成功归功于好的运气，把失败看成是自己本领不到家。只是由于这小小的心理差异，虽然二人花的时间、精力都差不多，但往往较为自信的那一方的收获要大得多。

可见，自信能够创造奇迹。但是，自信并不是天生的，也不是任何人都具备的。很多人的自信心是很低的。特别是经过一番生活的折腾，尝到一些生活的苦辣酸甜后，有人就会自惭形秽起来。还有的人竟然学会如何自我贬低，以此来预防生活的失败。他们认为，自信是一种危险的品质，人越自信，就越容易碰钉子，越容易成为众矢之的，所以最好是夹着尾巴过日子。其实，这种人正是自己扼杀了自己的前途。如果他们充满自信，昂起头来做人，不仅他们的事业可能成功，而且他们的人生会更加多彩。

只有充满自信的人，才能在逆境中微笑，从失败中爬起，才能创造人生、塑造新的自我、向成功挑战。如何培养自信是很多人常问的问题，其实培养自信很简单。

首先，培养兴趣。人要懂得放弃自己不喜欢也不专长的东西。勉强自己或被人强迫去做自己不喜欢、没兴趣的事，终会让自己丧失自信而变得畏缩怕事。相反，一个人如果对事物产生兴趣，并且愿意不断深入钻研，达到纯熟的程度，不管你的学历、经历、职业如何，都能对自己产生信心。所以要培养兴趣，让自己能在钻研的过程中获取信心。

其次，自我暗示。暗示可分为他人暗示和自我暗示两种。他人暗示有"觉醒式暗示"和"催眠式暗示"。例如，风靡全球的世界杯足球赛，花上昂贵的门票到现场观看并不会比直接在电视机前看得清楚，但是很多人却愿意到现场观看，因为受到群众激昂情绪的影响，可以狂欢大叫或破口大骂，做出平时不敢做的事情；又比如，购物时有人会不自觉地买下电视、报纸中的广告所介绍的产品，这些都是受"他人暗示"的影响。

催眠式暗示在心理疗法领域内被广泛采用，它具有强大的影响，通常它会在人意识不清的状况下进行。比如对儿童进行睡前教育等等。

"自我暗示法"则不需要借助第三者，随时随地都可以进行，而且自我暗示可以控制思维往正向进行。例如，你可以每天反复说："我不是弱者，我一定能行，我一定能成功……"自我赞美、夸奖，久而久之，可帮助你增加自信。

再次，不要因失败停滞不前。失败是成功之母。假如命运选择让你成功之前失败十次，那你就应全力以赴的努力十次，不要以失败为耻，不要因失败而丧失自信心。相反，失败可以增强自信，因为你即将面临的是又一次挑战，了解得越多，成功的把握也就越大。要在每一次失败后，将自己拉到另一条向成功迈进的起跑线。

接着，改变思考模式和处事方法。前面谈过，自信是主观的，缺乏自信，甚至莫名其妙地产生自卑感多半来自自身因素，因为你自己把自己看成弱者，自然而然你就会积弱不振。改变思考模式和处事态度的方法很多，譬如，避免使用"也许"等不确定性词语，多用肯定性字眼；利用联想，把不愉快移情到快乐的事物上；把内心的犹豫说出来，多和乐观、幽默的朋友来往；情绪紧张或心情焦躁时，做一些剧烈运动或玩弄手边的小东西以分散焦虑；确定具体的目标并一步步实现，在实践过程中适时自我奖励等。

最后，尽力做每一件有益的事。碰上一些小事时，一些人坦承："我根本不屑做这种事。"在这些小事都没做好之时，一些人往往自嘲："我根本没拿这事儿当回事儿。"这种不屑做小事的态度，会导致做事时的怠惰，最后导致连小事都没有做好。你也这样做事吗？希望你不是，因为，要想建立自信心，就应避免让自信心去接受失败的考验。减少失败的良药，就是在做事之前，决心将它做好，做事之时，全力以赴，尽心去做这件事。每一次小成功的滋润，会让心灵中自信之树愈发茁壮挺拔。

（四）坚强的毅力能够化腐朽为神奇

在生活的不幸面前，有没有毅力，从某种意义上说是区别伟大与平庸的标志之一。有的人在厄运和不幸面前，不屈服，不动摇，不后退，顽强地同命运抗争，因而能在重重困难中冲开一条通向胜利的路，成为征服困难的英雄，成为掌握自己命运的主人。而有的人在生活的挫折和打击面前，垂头丧气，自暴自弃，丧失了继续前进的勇气和信心，于是成为庸人和懦夫。

提起"棋圣"聂卫平，大概无人不知。其实聂卫平下棋的天赋远远不及他的弟弟聂继波。从小两人下棋，每次搏杀的结果都是弟弟聂继波大获全胜。弟弟聪明、敏捷，棋道灵活，下棋水平比聂卫平高得多。几十盘棋一下来，聂卫平从没有胜过一局，输得极惨。但聂卫平意志极为坚强，虽屡遭失败但仍不服气，总是下决心在下一盘战胜弟弟。他屡战屡败，屡败屡战。聂卫平就凭着这种不甘失败、顽强奋斗、坚韧不拔的钢铁般意志，终于走出了失败的阴影。

美国前国务卿奥尔布·赖特，小时候的理想就是要作美国的国务卿。后来，经过多年的奋斗，终于实现了自己的理想。她的成功来自于顽强的毅力。

尽管聂卫平远不如弟弟聪明，但是因为他那坚韧不拔的意志使他做出了远胜过弟弟的成就。奥尔布·赖特的成功同样付出了努力，同样需要坚强的毅力。我们深刻地体会到爱因斯坦所言的真正含意：意志远比聪明、智慧更重要！

中华文明史可以说是一部与天灾人祸的抗争史。新中国成立以来，我们遭遇过多次大的自然灾害。

从 1966 年的邢台抗震救灾到 1976 年的唐山抗震救灾，从 1987 年的大兴安岭扑救森林大火到 1998 年三江抗洪抢险，从 2003 年抗击"非典"到 2008 年初迎战冰雪，以及 2008 年 5 月 12 日的四川汶川大地震。一次又一次自然灾难的严峻考验；一场一场人间真情的集中倾注、凝结了中国人民弥足珍贵的精神财富。

2010 年 4 月 14 日 7 时 49 分 40 秒，青海省玉树藏族自治州玉树县发生了 7. 1 级地震，震深 14 千米，导致 2220 人遇难，12135 人受伤，70 人失踪。

突如其来的灾难，顷刻间夺去了多少可爱的生命……面对这场新的挑战，党和政府积极组织开展了抗震救灾斗争，最大限度地挽救了受灾群众生命，最大限度地减少了造成的损失。

抗震救灾，众志成城，同时也见证了中国坚强的毅力。坚强的毅力使中国人民一次又一次的战胜了灾难，坚强的毅力使中国一次又一次的化腐朽为神奇。

刚毅的性格和懦弱的性格之间没有鸿沟。刚毅的人不是没有软弱，只是他们能够战胜自己的软弱。只要加强培养和锻炼，从多方面向软弱进行斗争，完全可以成为有毅力的人。

培养顽强毅力，要从小做起。有一位教育家搞了一个实验：找来一些孩子，拿来一堆糖果等好吃的东西告诉他们说："在我离开这里再次回来之前，你们不能吃这些东西，等我回来后才能吃。"这位教育家走后，有些孩子耐不住了，就动手吃了这些糖果。这位教育家过后做了一个跟踪调查，凡是当初能克制自己，没有在这位教育家回来前吃糖果的孩子，长大以后发展前途好，事业有成。所以常言有"三岁看大，七岁知一生"的说法。

培养毅力需要强化正确的动机。人们的行动都是受动机支配的，而动机的萌发则起源于需要的满足。什么也不需要或者说什么也不追求的人，从来没有。人，都是有各自的需要，也有各自的追求；只是由于人生观的不同，不同的人总是把不同的追求作为自己最大的满足。斯大林说，伟大的目的产生伟大的毅力。从奥斯特洛夫斯基和张海迪身上，我们可以充分地看到，崇高的人生目的怎样有力地激发出坚韧的毅力。

培养兴趣能够激发毅力。有人说兴趣是毅力的门槛，这话是有道理的。法布尔对昆虫有特殊的爱好，他在树下观察昆虫，可以一趴就是半天。诺贝尔奖获得者丁肇中说，我经常不分日夜地把自己关在实验室里，有人以为我很苦，其实这只是我兴趣所在，我感到"其乐无穷"的事情，自然有毅力干下去了。当然人的兴趣有直观兴趣和内在兴趣之分，但两者是可以转换的。例如：有的人对学外文兴味索然，可他懂得，学好外文是建设四化的需要，对这个需要，他有兴趣，因此他能强迫自己坚持学外文。在学的过程中，对外文的兴趣也就能够渐渐培养起来，这反过来又能进一步激发他坚持学外文的毅力。一个人一旦对某种事物、某项工作发生内在的稳定的兴趣，那么，令人向往的毅力不知不觉来到他身边，也就成为十分自然的事情。

培养毅力，要从一点一滴的小事做起。生活中一些不良习惯的形成，往往都是从小事开始的。正确对待生活中的小事，增强自制力，约束不良行为，从一点一滴做起，对培养毅力是非常有益的。李四光向以工作坚韧、一丝不苟著称，这与他年轻时就锻炼自己每步走0.8米这类的小事不无关系。道尔顿平生不畏困难，看来从他50年天天观察气象而养成的韧性中得益匪浅。高尔基说："哪怕是对自己的一点小小的克制，也会使人变得强而有力。"

（五）强烈的成功欲望是实现目标的基础

乔治·杜洛阿是法国乡下一个贫穷酒店老板的儿子，他不学无术，在乡里是个人见人厌的流氓。从军后，他在法国的殖民地过了两年烧杀掳掠、无恶不作的生活。回到巴黎后，进入法兰西生活日报社。他凭借自己帅气的外表诱惑女性，将女人当作成功的垫脚石。他在报纸上说谎作假，制造了无数骗局，获得金融财阀的宠幸。主编死后，他和主编的妻子结了婚。他利用妻子的文采与交际才能，升任为政治版的主编。他又施展阴谋，诈骗了妻子的所有财产，进而成为政界与新闻界的重要人物。杜洛阿为了追求更多的财富，将妻子抛弃，与《法兰西生活日报》总经理的女儿结了婚。从此，他升任《法兰西生活日报》总编辑，并且打开了通往内阁的道路。

杜洛阿是法国作家莫泊桑的长篇小说《漂亮朋友》中的主角，他用诱惑女性来获得成功。这种人在现实生活中势必被我们所唾弃，但他的欲望终获满足也带给我们不少启示。

早在两千年前，有个年轻人向智者苏格拉底询问成功的秘诀是什么。苏格拉底就把他带到一条小河边，年轻人觉得很奇怪，结果，更奇怪的事情还在后头，苏格拉底"扑通"一下就跳到河里去了。年轻人想：难道大师要教我游泳？这时，苏格拉底向年轻人招了招手，示意他下来。年轻人满腹狐疑地也跳下了水。

刚一下水，苏格拉底就把他的头摁到了水里，年轻人本能地挣扎出了水面，苏格拉底又一次把他的头摁到了水里，这次用的力气更大，年轻人拼命地挣扎，刚一露出水面，又被苏格拉底再一次死死地摁到了水里。这一次，年轻人死命地挣扎出了水面后，哗啦哗啦往岸上跑。

跑上岸后，他打着哆嗦对大师说："大……大……大师，你要干什么？"

苏格拉底理也不理这位年轻人就上了岸。当他转身远去的时候，年轻人感觉好像有些事情还没有明白，于是，他就追上去对苏格拉底说："大师，恕我愚昧，刚才你对我的那个动作我还没悟过来，能否指点一二？"

苏格拉底于是问年轻人："你在水里时最想要什么？"

年轻人回答："空气。"

苏格拉底终于说出了那句饱含哲理的名言："如果你对成功有像刚才你需要空气那样的强烈愿望，你就一定能成功。这就是成功的全部秘密！"

一个有强烈欲望、有企图心的人，他可以克服一切困难，面对所有的挑战而不放弃；一个只是想要成功的人，当他面临一点点挫折的时候，他可能会退缩，也有可能放弃，导致他没有办法成功，导致他一辈子注定失败。

每一个成功的人士，对他真正想要的事情都是非常渴望的，而且是热切地渴望，一定要拥有它。

每一天，我们都会萌生无数的愿望、计划，但我们却无法将这些愿望都变为现实，执行一切计划。

为什么我们无法实现愿望、执行计划呢？那是因为我们未能把这些愿望强化为欲望的缘故。欲望是成功的原动力，一旦欲望被强化，就会深入到潜意识中；欲望一旦被激发，便会策动自己下决心展开积极的行动。如果无法及时捕捉到欲望，则随着时间的推移，它便会逐渐淡漠，甚至消失。

但是，如果是让私欲膨胀，像杜洛阿那样，为了地位、金钱、美色，铤而走险，置法律和道德于不顾，这种欲望就很可怕，一旦膨胀过大，便会遭到毁灭。如果欲望是发自内心深处，且透过正当手段去实现的话，那就受益匪浅了。

成功的人都拥有相同的特质，他们都拥有强烈的成功欲望。如果说梦想是迈向成功的方向，那么欲望就是迈向成功的燃料。欲望越强，产生的动能越强，越能克服困难，获得成功。因此，成功要激发强烈的欲望。

首先，要了解追求成功的真正动机。人的需求可分为五阶段：生理需求、心理需求、归属感、被尊重和自我实现。生理需求是指吃饱、穿暖，是人类最基本的需求。心理需求则是包括了爱和被爱、安全感等心理层次的满足。归属感是希望属于某个团体、家庭、公司。被尊重则是希望拥有某种职称、地位、受人肯定、敬重。自我实现系最高层次，追求自我的成就满足。

其次，要将心中的愿望转化为强烈的欲望。愿望只是静态的，"我希望成功，希望非常富有，希望很有威望，希望很有成就……"欲望则是动态的，"我要获得成功，我要创造财富，我要获得地位，我要获得成就……"因此你不止是空有愿望而已，你还要付诸行动，真正的去追求你渴望的获得成功。愿望如果没有转化为欲望，便无法拥有足够的动能，推动你走到成功的终点。因为在成功的路途上，还是充满了各种的困难和障碍，若没有强烈的欲望，你可能会半途而废，因而成为空泛的愿望。

最后，要不断强化成功的欲望强度，发挥最大的冲劲。不断增强你追求的成功欲望，便会产生惊人的结果。强烈欲望会产生不可思议的力量，化不可能为可能。强化心中欲望的强度，可用两个方式去做。第一个方式，想像你已经达到你的愿望，或是体验你已梦想成真的滋味。你心中越想尝到那种滋味，你就越渴望成功，越能驱策自己去追求成功。另一种方式，记住失败所带给你的羞辱，你不达到成功，无法去除心中的痛苦。欲望能趋使行动去达成愿望。

将愿望转化为欲望，就是要一而再、再而三的要求自己行动，前进再前进，绝不松懈。想像梦想成功的滋味，或是汲取失败的教训，都能强化追求成功的欲望强度。成功的人所以奋斗不懈，都是因为有强烈的欲望在背后支持着。因此别人停止时，他还在前进，当别人前进时，他正大步奔跑。激发成功欲望，让自己拥有持续不断的动能，"忍人所不能为"，克服一切困难，达到成功的目的。

（六）打造一颗坚强的心

一个失意的年轻人寻找成功的秘诀，哲人递给他一颗花生说："用力捏捏它。"年轻人用力一捏，花生的壳便碎了，剩下花生仁。然后，哲人教他再用力搓搓它，结果红色的皮也被搓掉了，只留下了白白的果实。哲人再教他用力捏捏，年轻人迷惑不解，但还是照着做了。可是，不论他如何用力，却怎么也捏不碎这粒花生仁。哲人语重心长地告诉年轻人："虽然屡受打击与磨难，失去了很多东西，但始终都要拥有一颗坚强不屈的心，这样才会有美梦成真的希望啊！"

很多人一时失意了，受到挫折了，或者失去一些珍贵的东西了，就心灰意冷，意志消沉，士气低落。甚至怨天尤人，愤世不平，却很少去查找自己的原因，是否给自己打造了一颗坚强不屈的心。

如果，一个人连一颗敢于面对重重磨励和困难的心都没有，还有谁会赋予你成功的希望呢？

唐僧如果没有经历九九八十一难，如果他的心被妖魔鬼怪一吓就破了胆，那么他还能取到真经吗？

要想成功，先要取到心灵上的真经，要有经历九九八十一难的勇气；要有经历九九八十一难的决心；要做好经历九九八十一难的准备。

怎么才能拥有一颗坚强的心呢？

第一，不要活在别人的世界里面。你不要害怕他们，其实每个人心里都有懦弱的一面。有的人貌似很强大，其实很懦弱，只是表面装得很不在乎，不可一世的样子，其实不堪一击。

第二，不要盲目相信别人的评价和定论，不要轻易给自己的人生限定范围和高度。人生不设限，生命无贵贱，要自信，不要以别人的评论评价影响自己的人生，自己的人生自己做主。

第三，不要想得太多。想得越多顾虑越多，你就越无所适从。你必须有从里到外的自信，装也要装出来，你就把它当成一场戏，你就是一个演员，你在扮演一个角色，你一定要演好。就以这样的心态，你就会丢下包袱的。

第四，如果你纠结，那是因为你什么都想要；如果你彷徨，那是因为你不知道自己想要什么。但你不是，你知道自己不想要什么，也知道自己想要什么。你只是缺乏勇气，勇气就来自你强大的内心，每个人都是有潜力的，你一定要自信，要发挥。

第五，不要生活在过去的痛苦中，不要用别人的言行折磨自己，活出自己的精彩，改变自己的人生，才是强大的。

生活中，要时刻铭记"艰难困苦，玉汝于成"的名言，要始终坚信命运的钥匙永远掌握在自己手中。就像徐特立先生所说的那样："不仅要当胜利时的英雄，也要当困难时候的英雄，真正的英雄是在困难中考验出来的。"人不怕痛苦，就怕丢掉坚强；人不怕磨难，就怕放弃希望。作为一名年轻人，要想在人生道路上有所建树，成就一番事业，就必须为自己打造一颗坚强的心，勇于在艰难困苦中磨砺斗志，走好人生路上的每一步。

你的内心坚强吗？请做一做下面的测试吧。

如果你走在路上被工地上的铁条绊倒了，你首先会怎么做？

A. 找工地主管理论。

B. 申请国家赔偿。

C. 自认倒霉算了。

选 A：目前不堪一击的你有如惊弓之鸟般的脆弱：这种类型的人看起来工作上生活上还不错，不过当他一个人时内心深处会想很多，而且碰到压力时会很想逃避和哭泣。

选 B：外表故意装坚强的你其实内心是脆弱感性的：这种类型的人表面上看起来很强悍，好像什么人都打不倒他，其实他内心深处非常脆弱，只有他最亲密的人才能感觉到。

选 C：越挫越勇的你遇到的挫折越大反而越坚强：这种类型的人当他面对困难和挑战时，会勇敢地去解决，相信明天会更好的他会慢慢地走下去，困难越大反而越能激发他的勇气。

（七）微笑着接受已发生的事

对必然发生的事要敢于接受，就像杨柳承受风雨、水适应一切容器一样，我们要承受一切不可逆转的事实。

微笑着接受已发生的事，勇于面对无法改变的事实，是战胜随之而来任何不幸的第一步。

伊莉莎白·康利说："以愉快的心情接受那无法改变的事实，面对它是克服不幸的第一步。"头戴皇冠的乔治五世在白金汉宫里的墙上则贴有这样一句话："别为逝去的岁月哭泣，别为倾覆的牛奶懊恼。

过去的已过去，面对未来吧。"

确实如此，环境并不能决定一生的幸或不幸，并不能左右我们的悲或喜，而是对情境的反应主宰了我们的情绪。所以耶稣说："天堂就在你的心里。"同样，"地狱也在你的心里。"中国有句古话叫做："境由心造。"

已故的布斯·塔金顿总是说："人生的任何事情，我都能忍受，只除了一样，就是瞎眼，那是我永远也无法忍受的。"

然而，在他六十多岁的时候，他的视力减退，一只眼几乎全瞎了，另一只眼也快瞎了。他最害怕的事终于发生了。

塔金顿对此有什么反应呢？他自己也没想到他还能觉得非常开心，甚至还能运用他的幽默感。当那些最大的黑斑从他眼前晃过时，他却说："嘿，又是老黑斑爷爷来了，不知道今天这么好的天气，它要到哪里去？"

塔金顿完全失明后，他说："我发现我能承受我视力的丧失，就像一个人能承受别的事情一样。要是我五个感官全丧失了，我也知道我还能继续生活在我的思想里。"

为了恢复视力，塔金顿在一年之内做了12次手术，为他动手术的就是当地的眼科医生。他知道他无法逃避，所以唯一能减轻他受苦的办法就是爽爽快快地去接受它。他拒绝住在单人病房，而住进大病房，和其他病人在一起。他努力让大家开心。动手术时他尽力让自己去想他是多么幸运，"多好呀，现代科技的发展，已经能够为像人眼这么精细的东西做手术了。"

如果一般人要忍受12次以上的手术和不见天日的生活，恐怕都会变成神经病了。可是这件事教会塔金顿如何忍受，这件事使他了解，生命所能带给他的，没有一样是他能力所不及而不能忍受的。

对于已经发生过的事情，接受，然后才能努力用自己的能力改善这样的现实！而人生，总会在接受现实后有了新的起点，才会静静地开始，走向美好。学会平静地接受发生过的事情，学会对自己说声顺其自然，学会坦然地面对厄运，学会积极地看待人生，学会凡事都往好处想。这样，阳光就会流进心里来，驱走恐惧，驱走黑暗，驱走所有的阴霾。事实上，世上没有完美，人生也不可能两全其美。我们要学会接受现实，积极面对现实，勇敢前行，我们要做到，在上路之前，不要怕；上路以后，不要后悔。生命途中有鲜花、阳光，也有泥潭与黑暗，两者并存，不可或缺。而我们，应该勇敢接受现实，并且坚持，一路走下去，只有如此，我们才会遇到属于自己的春天。

你有过车子在路上爆胎的倒霉经验吧？当初轮胎制造业者在制造时也曾想要生产一种能抵抗路面冲击的轮胎。然而这种抗震轮胎却常破烂不堪，于是他们就生产一种顺应路面颠簸的产品，这样的轮胎十分经久耐用。我们在人生的崎岖路上，不也应该学习这种顺应逆境，吸取冲击的方法吗？若能像减震轮胎一样，必能开拓一条更开阔、更舒适幸福的人生旅途。

假如不顺应人生的种种打击而一味顽抗又如何呢？不如柳条低垂，而如橡木刚强顽抗又会如何？答案是明显的：只是徒生困扰而导致不安、紧张、精神错乱而已。

因此，拒绝面对残酷的现实世界，而一味逃往自筑的梦幻世界，你只有走向疯狂一途了。

大战中数以百计的士兵们要么接受一些无法避免的恐怖事实，要么在恐惧中疯狂或死亡。下面就是威廉·卡斯露斯的亲身经历，告诉了我们微笑着面对已经发生过的事情。

"我进了沿岸防卫队之后，马上被派遣到大西洋数一数二的酷热地去。任务是看管炸药，各位请想想看，一个身为苏打饼售货员竟然转身一变为爆破教官，只要想起站在几千吨真火药当中就浑身发抖。

我只受训两天，有了初浅的认识之后反倒更加害怕。我永远忘不了第一次的任务。

"我负责的是第一船舱，和五个船内的工人一起工作。他们一个个体格魁梧，但对爆炸物却一无所知。他们所运的大型高性能炸弹含有一吨爆炸力特强的火药，已足以摧毁那旧船。这个大型的高性能炸弹以二条电缆从船上吊运下来，我心中担心得要死，万一其中一条电缆松了或断了……天哪！我害怕得直打哆嗦、口干舌燥、四肢无力、心脏几乎要跳出了胸膛。但是，脱逃也不是办法呀，那不就是逃兵了！如此一来，只有颜面扫地、尊严尽失、双亲也将蒙羞，甚至说不定要被枪毙哩！任怎么也没有逃避的理由，只有留在原来的工作岗位，目不转睛地监视他们搬运以防任何粗心大意的事故。在担心不知何时船会爆炸的恐惧下，度过了心惊胆战的一个钟头，才恢复正常的意识，自己勉励自己要沉着冷静，安慰自己不会出什么大差错的；就算会有疏忽，不也是一种迅速痛快的死法吗？总要胜过缠绵病榻。多傻啊！人难免一死，究竟要勇敢地担下任务还是当作逃兵给捉回枪毙呢？

"就这样不断地思前想后，而心情也得以渐渐地稳住，最后，我接受了这个不可能改变的事情，不安和恐惧消失了。

"此后，我总是忘不了这一次的教训，每当被自己能力所无法解决的事烦恼时，便潇洒地耸耸肩要自己忘了它。而这个方法对一个苏打饼售货员来说，非常管用。"

除了基督的十字架刑外，名留青史脍炙人口的临终场面要算是苏格拉底的死了。至今人们看了柏拉图的记述都还会感动得热泪沾襟。痛恨加给苏格拉底莫须有的罪名而宣判他死刑的雅典权贵。同情他的狱卒一边劝他饮下毒药，一面对他说："既然是无法挽救的事，就勇敢地接受吧！"

苏格拉底照着他的话喝了毒药，神情是令人难以置信的镇定，仿佛已经大彻大悟。

"既然已无法挽救，就勇敢地面对。"在烦恼不断的今日，我们比过去任何时代的人们更需要这句话。过去的就让它过去吧，微笑着面对已经发生过的事。

（八）善于控制自己的情绪

情绪是一种很滑溜的东西，有时滑溜得让人捉摸不透，但是，不管怎么滑溜，都得想办法将它捏得紧紧的。有许多具有世故的"高人"已经能把情绪控制到收放自如的地步，这个时候，情绪已不只是一种感情上的表达，而且成了攻防战略上所使用的一种武器。功夫练到这种地步，也难怪能够步步高升！

如果将你情绪中的喜怒哀乐比喻成音符的话，你就是一位优秀的音乐大师。你需要用自己的双手，来奏响最为美妙的情绪音乐。你必须掌握好力度、高低音的调配，也就是说，你需要恰如其分地掌握住自己的情绪。你要把自己的情绪、自己的意念当成自己的人生花园，如果你希望情绪的花园里枝繁叶茂、花团锦簇，那么你必须精心栽培花园中的花儿，你必须把你的喜怒哀乐控制得如鱼得水、运用自如。

1. 喜怒哀乐，掌控自如

东晋的宰相谢安，在家里听到自己的军队在前线以少胜多，彻底挫败了百万前秦大军南侵的军事行动，却能不露声色，安然地下完正在下着的一盘棋。

一个人如果不学会对情绪的自我调节，往往喜则冲动，怒失理智，悲会伤身。魏征在《谏太宗十思疏》里规劝唐太宗：不要因为自己一时高兴，随便奖赏下臣；也不要因为自己一时之怒，对人滥用刑罚。控制激动情绪那是非常重要的。

美国的林登·约翰逊总统，曾经为了自己的秘书乔治·里狄出了个差错而怒气冲天地在电话里将他骂得狗血淋头，什么恶毒的话都讲了出来，连站在旁边听到这些话的人，都很不以为然。

但林登·约翰逊一挂上电话，竟马上对随从说："现在把这个礼物送给乔治。"大家都觉得十分惊讶。林登·约翰逊叹了口气解释说："当一个人在情绪低落时，最需要别人的礼物。"

情绪是一种感性的反应，大致可分为喜、怒、哀、乐等不同表达形式。所以情绪的掌控是属于一种反应上的管理。一个受到太多的保护，或是自主性较高、主观、个性过强的人，容易忽略周围的反应，所以情绪的掌控能力往往较差。相反，阅历较多、客观、顾全大局的人，情绪上的掌控能力就相对较高，因为他会采取同情的看法，顾及别人和自己之间的情绪平衡问题。只要是动物都会有情绪上的反应，从人类身上所表现出来的情绪反应，我们称之为人性；从动物身上所表现出来的情绪反应，我们称之为兽性。人类在情绪上的反应相当地明显而容易让人感受到，因为人类是属于理性与感性（七情六欲）并存的动物。自古以来，对于人的评断标准，只看一个人的涵养、行事的风格，就知是否可以成为可塑之才、是否有大将风度，因此要成为人上人，除了知识与能力考虑之外，全视其在情绪上是否能操控得当。情绪处理得好，可以将阻力化为助力，帮你解危化险、遇难成祥。情绪若处理得不好，容易将人激怒，产生一些非理性的言行举止，轻则误事受挫，重则违法乱纪，甚至命丧黄泉。

在这里我们要来探讨，如何控制自己的喜怒哀乐。

任何喜事，只是代表某一方面或某一阶段的成功。如果把视为包祅，不考虑下一步的打算，乐极便可能生悲。"塞翁失马，焉知非福"的故事，形象地说明了福祸是非的转化情况。若遇到喜事，我们要冷静，要作全盘考虑，做好下一步的打算，这样才能常乐而少悲。考上了大学，不用说是一大喜事，但沉湎于自我陶醉之中，不思今后的努力，就可能走入歧途。遇有成功之事，不要看得太重，要像有一千多项发明的爱迪生一样，把每一项发明当作一个新起点，对自己提出新要求，这样才能使自己更上一层楼。

人逢震怒，容易冲动，做出蠢事，后悔莫及。所以在怒气旺盛之际少表态，少行动，坐下来静静地想想，多听些不同意见，还可以设身处地考虑考虑对方的想法和处境。如果知道自己容易激动，可采取自我告诫的办法，像林则徐那样，自书"制怒"两字，张贴于醒目之处，不时告诫自己。

陷入大悲，人要自拔。转移注意力是很有效的方法。美国的道格拉斯，失去了 5 岁的掌上明珠之后，出世仅 5 天的女儿又夭折了，唯一可安慰的是还有个 4 岁的儿子。一天，儿子要求父亲替他做一艘玩具小船，他没有理由拒绝儿子，就花了 3 个多小时做好了。他意外地发现，在这几个小时中，自己的心情从来没有这样平静过。一个人不可能同时考虑两件事，做玩具时他的注意力就被转移了。所以对一些有伤感情绪的人，最好不要让他闲着，换换环境，钓鱼、打球、骑马、拍照，参加公益劳动。离开悲伤的环境，使他从悲伤情绪中解脱出来，避免触景生情，睹物思人。

当你情绪激动的时候，不要只顾眼前，不要只图痛快，不要只想自己。而要着眼将来，预想后果，顾及他人，这样或许有利于抑制自己激动的情绪。

2. 战胜情绪低潮

没有人在一生当中都是平步青云，任何人多多少少都会有一些遭受挫折的经验。你可以预做准备，告诉自己总有一天会碰到它，以便于实际碰到这种情况时，还能不慌不忙、冷静应付。

追求没有不幸的人生，就像活在幻想中，只是浪费精力而已。没有一个人没有不幸。要接受这个事实。不论你想出多少方法，还是有不能解决的不幸。

但是我们必须面对不幸，寻找解决的方法。

总之，只要努力，有勇气，你自己也会受到鼓励。

但有一点不得不承认，我们一旦有了不幸，个性会和以前有所不同，无论是谁，都会受到不幸的影响。

当你在学习、工作和生活等各个方面遇到挫折的时候，当你的情绪处于一种低谷状态的时候，你必须战胜这种情绪低潮带给你的负面影响。

低潮的情绪是累、烦、厌倦的综合。忙了很久也许你就累了，不想再忙碌；一件事情如果你做的多了，觉得没有什么意思了，就会产生厌倦；如果一件事情你总是难以做好，你也有可能就会消沉起来。

消沉是每一个人都曾有过的经历，只是程度不同而已。

（1）**轻度消沉**：觉得自己不快乐，反应比较迟缓，睡眠总是觉得不够充分，对日常生活失去了信心或乐趣，对人和事情都不热心。

（2）**中度消沉**：情绪比较郁闷，想哭又哭不出来；处事优柔寡断，没有自信心；注意力不能够集中，健忘，常常喝酒。

（3）**重度消沉**：觉得活着没有什么意思，常常想要结束自己的生命。经常大量饮酒，并靠使用药物来维持自己的精神。

任何一座山峰都有山顶，也都有谷底；人生有高潮也有低潮，就像山顶谷底一样。不管是谁，不会永远在高潮中，也不会离不开低潮，所有的问题都有终止的时候，时间可以解决不幸。

为此，我们要训练自己，从广大的视野中看清事物的本质，有超越时间、空间、物质的见解，这样会有意想不到的效果。

当我们真的出现情绪消沉的时候，可以按照以下的方法进行缓解：

（1）反省自己的现状：了解自己的情绪低潮，而不是去逃避，要正视困境。

（2）思考突破方法：不要停留在郁闷之中，应该主动改善困境。

（3）求助能力比较强的人：当我们比较郁闷的时候，希望有人能够出来拉一把。

（4）有感恩的心：感恩的心也是帮助我们走出郁闷心绪的一种重要的方法。

（九）解脱情感的束缚

人活在世上，就是要求对适应进行认真的研究。因为存在着这样的事实：人活着，基本上就是在进行适应。所以，我们应解脱情感的束缚来适应生存。这种适应，从运动的观点出发，是平衡不断破坏，紧张不断产生的整个身心的生命过程，也是重新恢复平衡，使人的生命得以延续的一种活动。所以，适应与其说是单纯的生物化学意义上的新陈代谢，毋宁说是更为积极地不断产生紧张的运动和发展的过程。当然，人和其生活环境互相保持协调——不是单纯地顺应环境或改变自身的条件，而且还要积极主动地控制自己的情感来调整和改造环境，这也是一项重要的活动。所以，适应就有各种各样的方式：既有习惯性地重复同种行为的适应，也有根据环境的现状在一定的范围内灵活地进行变化的适应。在变化的过程中，需要能把握自己的情感，理智地处理各种事情。感情用事是不可取的。你不能让情感束缚你的手脚。

能成大事者都是不会被情感所左右的。

《三国演义》中有一个因感情用事而被杀的典型人物，他就是祢衡。

建安初年，二十出头的祢衡初游许昌。当时许昌是汉王朝的都城，名流云集，司马朗、荀某、赵稚等人都是当世名士。有人劝祢衡结交司马朗等人。祢衡说："我怎能跟杀猪、卖酒的在一起。"有人劝他参拜荀某、赵稚，他回答道："荀某白长一副好相貌，如果吊丧，可借他的面孔用一下。赵某是酒囊饭袋，只好叫他看守厨房。"这位才子唯独与少府孔融、主薄杨修意气相投，对人说："孔文举是我大儿，杨德祖是我小儿，其余碌碌之辈，不值一提。"可见此人何等狂傲。

献帝初年间，孔融上书荐举祢衡，大将军曹操有召见之意。祢衡看不起曹操，抱病不往，还口出不逊之言。曹操求才心切，但是为了收买人心，还是给他封了个击鼓的小官，借以羞辱他。一天，曹操大会宾客，命祢衡穿戴鼓吏衣帽当众击鼓为乐。祢衡竟在大庭广众中脱光衣服，赤身露体，使宾主讨了场没趣。

曹操对其恨之入骨，但又不愿因杀他而坏自己的名声。便把祢衡送给荆州牧刘表。祢衡替刘表掌管文书，颇为卖力，但不久便因倨傲无礼而得罪众人。刘表也聪明，将他打发到江夏太守黄祖那里去。祢衡为黄祖掌管文书，起初干得也不错。后来黄祖在战船上设宴，祢衡无礼受到黄祖呵斥，祢衡顶嘴骂道："死老头，你少啰嗦！"黄祖急性子，盛怒之下就把他给杀了。当时祢衡仅26岁。

祢衡文才颇高，桀骜不驯，本有一技之长。但是祢衡没有因为这一技之长而受惠于世。他自持一点文墨才气而小看天下。无端冲撞大权势人物，最后被人宰杀，那是他不懂得控制自己的情感。而战国时蔺相如是个善于控制情感的人，他化解了廉颇的怨恨，使赵越国强大，将相和的故事传为美谈。智能双全的蔺相如，先在秦廷战胜了残暴的秦王，完璧归赵，不辱使命；后在渑池迫使秦王为赵王击缶，维护了赵国的尊严。由于如此巨大的功绩，蔺相如被拜为上卿，地位超过了赵国宿将廉颇。

这事惹恼了急躁刚直的廉老将军，他想：我出生入死，攻城野战，功勋卓著，才赢得眼下的高位。那蔺相如有何本领？他不过是摇唇鼓舌，和秦国打了两次交道罢了。他原来地位那样低贱，现今却官居我之上，我怎么能咽下这口气？见到他，非羞辱一顿不可。

蔺相如听说这事，每逢上朝就经常推托有病，不肯和廉颇争位次先后，有一次外出，远远见到廉颇的车马，蔺相如躲避不见。

蔺相如的门下看到这些情况，颇为不解，纷纷说："我们仰慕您高尚的人品，才投到您的门下。现在您和廉颇居于同等地位，他说出那样难听的话，您都躲起来，害怕得不得了。对那种难听的话，平民百姓都难忍受，何况像您这样的大臣呢？我们没什么本领，请允许我们辞别吧！"

面对众门客激烈的言词，怎么辩解呢？蔺相如先不作下面解释，却采用"明知故问"的方式，岔开话题，问了一件似乎与此无关的事：

"你们看廉将军和秦王两人哪一个厉害？"

"廉将军当然不如秦王！"众门客异口同声地回答。

"那么，秦王有那样大的威风，我都敢在朝廷大声叱责他，难道还会怕廉颇吗？我认为：强大的秦国之所以不敢发兵侵扰我越国，只是因为我和廉颇两人在罢了。如今两虎相斗，必有一伤。我这样做，是把国家的利益放在前面，而把私人的恩怨放在后面啊！"

众门客顿时领悟，由衷折服。这些话传到廉颇耳中，这位久经沙场的老将军羞惭不已，立即上蔺府"负荆请罪"。

从以上祢衡和蔺相如的两则故事里，我们就可以看出成大事者是不可以被情感束缚的。

现实生活之中，愤怒、忧伤、烦躁……人们考虑自己往往超过考虑任何别的事情，情感的束缚便是悲剧发生的最根本原因。

细究起来，这种不易解脱的心理产生可以归结为以下几方面的因素：

（1）心理学研究表明，父母教养子女的态度如果属于严厉型，则孩子易养成固执难解脱的脾气。一种抵触情绪的产生往往是潜移默化的，但它对人一生的影响却是巨大的，这种影响可从诸多小事上体现出来。

（2）刚步入社会的青年，性格可塑性极大。如若生性稍稍敏感，再受到若干不公正的待遇，就会产生逆反心理甚至导致"想不开"。社会环境，往往成了许多青年难以解决的心理的诱发因素。

（3）部分青年为拥有别人难以企及的家庭背景、社会地位、经济条件、学识文凭，便恃才傲物。这种心理往往经不起任何打击和挫折，稍遇麻烦即同死结一般无法打开，更谈不上解脱。

（4）一个人的神经活动特征，如果其兴奋性大大超过抑制性，那么易于冲动，逞强好斗，且又难于转移。具有这种神经活动特征年轻人，很容易养成犟脾气，明知这种愤怒、忧伤、烦躁于己于人无益，却偏偏要往这个陷阱的误区里钻。

著名心理学家戈特将第二、第四两个因素归结为"疾风怒涛期"。他认为从儿童期进入青春期，青年的心理学带有强烈的瞬间多变的情绪特色。处于"疾风怒涛期"的青年，由于自身知识和结构、自我意识和自我修养都很有限，对种种社会问题仍处于从幼稚向成熟的过渡，因而很容易产生无法从困境中解脱的性格弱点。

无论从哪方面说，陷入一种极端的情绪而不能解脱，对于人的身心健康的损害是极大的。

实际上，愤怒忧伤、烦躁等是不可避免的，可以避免的是它们所造成的身心上的伤害。

我们应尽量消除自己的不良情绪，因为它只会给我们造成身心上的伤害，而且在我们通往成功路途上，不良情绪有时会成为我们的绊脚石。

某一时某一事的成功和胜利容易引起自满自大，自满自大会带来消极后果，轻则阻碍进步，重则导致失败垮台。"胜易骄，骄必败。"这是万古常新的真理。

有时情感束缚我们太多太多。为了你的成功，你必须能解脱情感的束缚，你必须去适应别人，适应社会，适应形势，不然的话，你注定成不了大事，注定会被淘汰。

（十）自制力是成功的关键

要让汽车到达目的地，动力固然重要，但还有比动力更重要的，那就是刹车。动力不好，只是会延长到达目的地的时间，而没有刹车或刹车失灵则既到不了目的地而且还可能会导致车毁人亡。要让一辆汽车顺利前行，多数情况下"制动力"比"推动力"要重要。一个人的发展也是如此。要想顺利达到目的地，也要有有效的"刹车系统"，即要有"自制力"。

要做好一件事，必须集中注意力；要读好书，需要长年累月集中注意力。而生活中的来自主客观的干扰很多，诱惑很多，这就要求一个人要有很强的抗干扰和抵制诱惑的能力，即要有很强的自制力。有了自制力，才能确保一个人在充满干扰、诱惑的环境中使自己的心理活动指向和集中于特定的对象。某人曾对几位考上清华后又到美国名校攻读博士学位的学生进行过研究，发现他们除了在自制力上略胜一筹外，还真难发现他们还有什么过人之处。他们也喜欢游戏，但不会沉迷其中；他们也喜欢看电视，但只看他们认为有意义的节目；他们也喜欢玩耍，但适可而止。是这种"自制力"确保了他们学业上的领先地位，也是这种"自制力"使得他们在学术追求上始终具有持之以恒的精神和行动。

　　自制力表现在两个方面：一是善于迫使自己执行定下的决定；二是善于抑制与自己的目的相违背的愿望和行动。也就是强迫自己该做的事，甚至是自己不喜欢的事，比如你今天计划起早去跑步，是否能离开温暖的小窝义无反顾地下床呢？你曾决心不打车攒钱买房，能否坚持每天在寒夜冷风中等公共汽车呢？你的一个美女同事对已婚的你有意，你是为了家庭的美满拒绝她，还是抵制不住诱惑而就范呢？你计划每天要背一定数量的单词，是否会因为打球或打电子游戏而把任务拖到明天呢？这些都是在考验你的自制力：你是否迫使自己做正确的决定，能否抑制无益的欲望和行为。禁欲、慎独、忍耐、坐怀不乱、坚持不懈等等其实都属于自制力范畴。而"放纵自己"，"做自己高兴做的事"，"图痛快"，追求"完全的自由，无拘无束"这些都是自制力差的表现。

　　有时自己的行动是受外力监督的，比如父母管教；或者会影响自己的生存安全，比如不上班会被领导扣工资甚至开除，成绩不好会被爸爸打屁股。这种在外力的监督下，人不得不去做的事情，这不算是有自制力，因为这都不是自觉的。我们讨论的是没有明显外力影响而完全自己掌控行动的这种能力，这才是真正的自制力。

　　自制力的构成是一个矛盾体，矛盾的一方是感情，另一方是理智。如果任凭感情支配自己的行动，那便使自己成了感情的奴隶，是缺乏自制力的表现。人应该有让理智战胜感情，控制自己命运的能力。在理智与情感的交锋中，自制力能够帮助你的理智取得胜利。理智的胜利，是人性的胜利。这种胜利对自己，对他人，对社会都是有益的。

　　情商的高低对一个人的成功有至关重要的作用，自制力作为情商的重要因素，更有着非同寻常的意义。我们先看两个例子：

　　拿破仑·希尔（一位成功学的有名学者）曾对美国各监狱的16万名成年犯人作过一项调查，发现这些不幸的男女犯人之所以沦落到监狱中，有90%的人是因为他缺乏必要的自制。自制力不强，不仅给他人和社会带来了伤害，而且自己也受到惩罚，受到了法律制裁。

　　小泽是天河某师范学院2000级中文系的学生。自从买了电脑后，迷上了电子游戏。由于长期缺少跟班里同学交流，感到融不进集体，因此越发迷上网络，以致整天不去上课，任课老师都不知道班里有这位学生。一学期下来，他的7门功课补考的有5门之多。根据"一个学期不得同时有3门课程补考，否则留级"的校规，他留级了，但已是后悔莫及。小泽由于自制力差，导致了自己的学业失败。

　　有多项心理学的研究表明，童年时期缺乏自制力的人，在将来更有可能面临着健康、学业、债务以及法律方面的问题。20世纪60年代末，美国哥伦比亚大学的心理学家，在一群4岁的孩子们面前放一些糖果，暗中观察哪些孩子不能抵御偷吃糖果的诱惑。在随后的跟踪调查中，心理学家们发现，那些能抵御诱惑的孩子在学校和日常生活中往往表现得更出色。

　　那么，怎样培养自制能力呢？

1. 明确人生目标

明确了一生朝哪个方向走，决心成为一个什么样的人，就能够控制自己，使言行服从和服务于自己的人生目标，而排斥同目标相对立的各种诱惑；反之，连人生目标是什么都不知道，那么，在诱惑面前，就不会有坚强的自制力。自制力的动力源泉之一，就是从根本利益和长远利益上去考虑问题。有些诱惑之所以有诱惑力，就是因为它能充分展示表面的、暂时的利益。一个意志顽强的人，应当不为这种表面的、暂时的、眼前的利益所诱惑，而应该经常牢记自己的根本利益和长远目标，这样，就会获得一种控制自己的动力——自制力。

2. 坚持执行计划

培养自制力，还必须始终不渝地坚持完成既定的计划，当然，为保证计划的可行性，在作出决定时要三思而后行。但一旦在深思熟虑的基础上作出计划，就要坚定不移地付诸实施，不能轻易改变和放弃。如果半途而疲，就会严重地削弱自制力。

3. 决不迁就自己

一旦意识到某件事或某种行为是不对的，不管它是多么强烈地诱惑我们，对我们有多大的吸引力，都要坚决克制，决不作半点让步和迁就。培养自制力，要有毫不含糊的坚定信念和顽强的意志。

4. 从小事做起

人的自制力是在学习、工作、生活中的千千万万件小事中培养和锻炼起来的。做任何事，注意训练意志力，会使人变得更加坚强。不要以为培养自制力一定要有特殊的条件和不平常的际遇。许多微不足道的小事，都会影响到一个人自制能力的形成。比如早晨是按时起床，还是在被窝里再躺一会儿，对自己的自制力就是一个小小的考验。积小成大。如果我们能在诸如此类的小事上也不放过对自制力的锻炼，则一旦遇到大事，我们就能表现出坚强的自制力来。

5. 经常反省

所谓反省，就是自我检查和审视，甚至是自我惩罚。如当你在困难面前想退却时，不妨马上责备自己的懦弱和没勇气。这样往往能够唤起被屈辱了自尊心，从而战胜怯懦，成功地控制自己。当你做事时，对自己说："活该，你做错了事，该罚。"实践证明，这对于帮助培养自制力也是有好处的。生活中要总是出现"不行"这两个字。因为这是培养自制力的第一道防线，这道防线守不住，培养自制力的计划就会"全线崩溃"。

一个人只有拥有高度的自制力，才有可能成功，像那些控制不了自己的人想要成功，希望是很渺茫的。因此，我们要培养自己的自制力，因为自制力是成功的关键。

（十一）拒绝诱惑

一个学生喜欢打电子游戏，是因为他觉得学习是单调乏味的，而游戏是刺激有趣的；一个赌徒把钱用来赌博是因为他觉得如果能一注赌赢很多钱是快乐的，而通过劳动去赚钱是辛苦的；在一个网络游戏迷的眼中，游戏虽然单调，但里面的升级比生活中的升级要容易的多，是快乐的，与命运搏斗是艰苦的；一个人做事慢慢吞吞懒洋洋，是因为他觉得这样很轻松，而紧张的生活方式虽然能提高效率，可会觉得痛苦……可见，诱惑之所以能引诱我们去得到它们，是因为它们都能较方便、直接地给我们带来快乐的享受，所以我们迫不及待地得到它；而相比之下，学习、工作都是艰苦的。一方是唾手可得的快乐，另一方是显而易见的痛苦，这时人们非常愿意选择快乐。这是人类趋乐避苦的本能。这种本能是无力抵制诱惑的根本原因。

但是，我们知道，那些取得辉煌成就的人，都是吃了很多苦才成功的。为什么他们自找苦吃呢？是他们以苦为乐吗？其实不然，没有人早起晚睡的工作而不觉得累的，没有人不觉得娱乐是有趣的，没有人觉得累得腰酸背痛是舒服的，没有人觉得周末睡懒觉是难受的……大家对客观事物的情感体验是大致相同的，"以苦为乐"是他们帮助自己提高自制力的一种心理暗示方法。那么，他们为什么要自找苦吃呢？其实他们是将目标放在了吃一定的苦而获得的更大的更长远的快乐上。大部分人的目光只放在了眼前，求得一时之欢，却要在之后的日子承受长久的痛苦。"少壮不努力，老大徒伤悲"。成功的人呢，他们珍惜时间；他们坚信"吃得苦中苦，方为人上人"。他们想到了与将来每月多赚一些钱的快乐相比，现在打电子游戏的快乐微不足道；

与将来住豪华别墅的快乐相比，现在睡懒觉的快乐微不足道；与将来
过清贫生活的苦相比，现在的学习之苦微不足道；与将来在这个有时
并不公平的社会中受到欺侮而无力自卫的相比，现在的虚荣和面子微
不足道；与年老时被儿女埋怨、终日悔恨的苦相比，现在的工作之苦
微不足道。他们也是趋乐避苦，不过趋的是大乐，避的是大苦。在这
方面有一个典型的例子，美国副总统威尔逊 10 岁离开家，当了 11 年
的学徒工，每年可以接受一个月的学校教育，最后在 11 年的艰辛工作
之后，他只得到了一头牛和六只绵羊作为报酬。威尔逊把他们换成了
84 个银美元。据他回忆，从出生一直到 21 岁那年为止，他没有在娱
乐上花过一个美元，每个美分都是精打细算的。然而在他 21 岁之前，
他已经设法读了一千本好书——恐怕这对于任何人都是难以做到的。
21 年没有在娱乐上花过一元钱，这当是不为诱惑而动的典范了。

那么，我们该怎么做，才可以让我们提高抵制诱惑的能力呢？

拿破仑·希尔的提高自制力七法，有一定启发性。这七个方法被
总结成七个 c：cause，clock，contacts，concept，communication，com-
mitments，concern。受它们的启发，应用心理学的知识，结合自己的
实际体会，我认为以下这些方法是有效的：

抵制诱惑方法一：结果比较法。仿照那些成功人的思维方式，让
我们静下心来，花些时间分析一下：成果失败都是由因及果的；如果
我们把心思专门用在学习和工作上，抵制住诱惑，我们会获得什么结
果；如果我们把心思用在别的方面，即抵制不住诱惑，我们会获得什
么样的后果。这样我们可以列一个表，在表里我们填下现在忍耐吃苦
的话，将来会获得什么快乐；现在就急于求乐的话，将来会承受什么
痛苦。

抵制诱惑方法二：强者刺激法。这种方法，需要你首先选定几个

你认为已经很成功的人，比如比尔·盖茨，戴尔·卡耐基，松下幸之助，李嘉诚，李政道……总之是你崇拜的人，了解一下他们是怎么勤奋工作学习的，学他们是怎么经营自己的本领。然后再来选定几个你熟悉的与你同一集体或同一行业的，并且已经取得令你们同类人羡慕的骄人成绩的"准成功者"，回顾或者观察一下他们是怎么做的。好了，现在你已经有了两类人的行为样本，第一类是已经成功的——你有可能成为的人，第二类是比较强的同类——你有可能要去竞争的人。把他们的行为列出来，能帮助你衡量该做什么：第一类人做什么，你就要做什么，因为他们那么做才成功，你要成功也要那么做；第二类人做什么，你起码要比他们做的多，因为不超过他们你就不能成功。同样需要你把这些结果统计出来，写在纸上，挂在墙上，每天加强意识，刺激自己做正确的事。长此以往，当自己正在享乐或准备去享乐的时候，你就会想到那些人正在干什么，你也就可以自觉取舍了。

抵制诱惑方法三：不与无所事事的人交往。道理不言而喻，那应该与什么人交往呢？多与上面那些人交往，与成功的人交往或与比你强的竞争对手交往。这个效果比把他们的行为列在墙上更有效，因为与他们交往的同时，你相当于在看这些人做亲身示范，不但激励你自制，还能教你怎么才能自制。他能让你学到好习惯，同时在他们面前想必你不会表现坏习惯；并且你会发现跟他们相处，你还能学到很多知识，掌握很多信息，会很快乐。一段时间之后，你的缺点改掉了，而优点多了很多，整个人也进步了。在大学里，就有这么一种人，他们上课的时候跟学习好的坐一起，吃饭的时候跟学习好的坐一起，去自习的时候跟学习好的坐一起……事实证明，这些人不管聪明与否，没有学习成绩差的。但我们也不该轻易放弃朋友，我们可以互相帮助，共同进步。这样不但帮助了朋友，加深了友谊，同时督促别人是对自己最好的督促。

抵制诱惑方法四：行为惯性法。相信我们都看过陈佩斯和朱时茂表演的一个小品《警察与小偷》，讲的是一个小偷穿上警服冒充警察，他从小羡慕警察所以假冒警察的时候像真的警察那样去助人为乐，结果最后竟忘了自己其实是个小偷，还帮警察把自己的同伙给抓了。当我们持续做正确事情的时候，我们的心智会受到潜移默化的影响；假如我们经常做一些需要自制力的事情，我们的自制力会自然的随之提高。这表现像是行为的一种惯性，可以将这个原理用到自制力的培养上。比如我们给自己划定一个比较容易拿得出的固定的时间，规定在这个固定的时间内，只能做哪些事情。例如每天晚上 11 点睡觉前，喝一杯牛奶，这是很容易做到的，因为这原本也是一件美事，但当你把它假想成一个美丽的任务去严格执行时，你的头脑会渐渐地变得愿意执行任务。而后把那个相对固定的时间表修改得更有难度一些，比如在那个目标持续一周以后，你开始给自己规定，每天晚上 7 点到 7 点30 背英语单词，也会很好的执行。如此循序渐进，最终你会变得想到做到，能克服一切困难而彻底执行你的计划。但我们不该过于激进的把一天的大部分时间都用时间表框起来，那样的可操作性太差，反而打击自制力。这是通过固定时间表利用行为惯性的方法。我们还可以在我们的心态积极的时候，多做几件需要自制力的事情，目的是让你适应克制自己欲望的那种感受。如同拳手训练防守时，肌肉经过击打后变得麻木一样，我们对欲望的忍耐会在这样的磨练中得到加强，使得你即使处在并不是那么积极的心态时也能经受考验。比如，你考试失利，这时候你的心态很激进，抓住这个机会，把自己的嗜好一一考验一遍。打开电视机，翻开小说，走过篮球场……如果你还稍微有一点起码的决心的话，你会明白这个时候该去学习的，因为这个时候你的想法是很积极的。而这样的结果是，下次你再打开电视机时，翻开小说时，走过篮球场时，一种类似条件反射的反应会让你回忆起当初你考试失败的时候面对电视机、小说、篮球是怎么想的，最终成功劝说自己去做该做的事。这是在短时间内一次性的利用行为惯性的方法，你也可以自己发挥应用，但一定要注意可行性。

抵制诱惑方法五：有针对性的改掉一个坏习惯，习得一个好习惯。一个自制力不强的人会有很多抵制不了的诱惑，表现出很多不好的坏毛病，这时我们可以采用这个出自富兰克林的方法。富兰克林在他的《富兰克林自传》里提到了这种方法：他首先列出了最需要习得的 13 种美德，他认为要想习得这些美德，不可以立刻全面地去尝试，而是在一个时期内集中精力掌握其中的一种美德。当我们掌握了那种美德之后，接着开始注意另外一种，而在一定时期内，也要注意应用前一两种美德的学习成果，这样下去直到 13 中都掌握为止。同时，因为先获得的一些美德可以便于其他美德的培养，所以他把 13 种美德按以下的顺序排列：

（1）节制。

（2）寡言。言必于人于己有益。避免无益的聊天。

（3）生活秩序。每样东西应有一定的安放之地。每件日常事务当有一定的时间去做。

（4）决心。当做必做，决心要做的事应坚持不懈。

（5）俭朴。用钱切戒浪费。

（6）勤勉。不浪费时间；每时每刻做有用的事，戒掉一切不必要的行动。

（7）诚恳。不欺骗人；思想要纯洁公正，说话也要如此。

（8）公正。不做损人利己的事，不要忘记履行对人有益的责职是你应尽的义务。

（9）适度。避免极端，人若给你应得的处罚，你当容忍之。

（10）清洁。身体、衣服和住所力求清洁。

（11）镇静。勿因小事或普通不可避免的事而惊慌失措。

（12）贞节。

（13）谦虚。

抵制诱惑方法六：充分预测困难，做好准备。有句话叫"如果准备做失败了，就是在为失败做准备"，准备好迎接困难是准备中的重要一部分。成功既包括人生的成功，也包括成功的做成一件不平凡的事情。不论哪种成功，都需要一些必备的品质，比如专注、勇敢、拚搏等等，但在朝着这个目标去做的过程中，会有很多困难接踵而至。这些困难既包括外力的阻挠，也包括外力的诱惑，它们并不是很容易克服的。如果你在做事之初没有准备好，那么这样的突然袭击很容易会使你的意志溃不成军。所以在做每件事情之前，我们要充分预测可能遇到的阻碍和诱惑，并为之做好准备，想到应对的办法。比如上自习，我们想连续自习两个小时，这时我们会遇到那些应该克服的阻碍呢？有电话、口渴要去买水、笔没水、本子没页、不认单词查字典、想听音乐、遇到难题了想出去走走……这些阻碍一旦使自习停下来，往往就给了我们借口，而可能引来更多的阻碍，使自习长时间中断。那么我们准备好：手机暂时关掉，带好水，检查圆珠笔的笔芯，检查本子，带上字典，不带随身听，把 mp3 里的音乐删掉，做好心理准备（比如写在纸条上放旁边），即使遇到难题换个题目做或转去背单词也绝不走开，事先拟定好论文结构不要半路卡壳……任何一个处于正在做某事的人，都知道做这件事是应该的，这时人们"趋乐避苦"的方法往往是给自己找个借口，我们封住了产生借口的可能，便是帮助自制力战胜诱惑。

　　抵制诱惑方法七：全局思考。通常当我们想去做一些不必要的事情寻求快乐的时候，为了让自己心安理得，我们会给自己找一些借口，比如郁闷、没心情学习、工作得有点累了、身体不太舒服、这场足球赛千载难逢、演唱会不看就没了、学了一天了也该放松一下了等等，这时我们应该做的是制止自己的借口。这些借口大部分都是过分强调即时性，"我现在累了，现在学习的话没效率"，"演唱会只有一次"，"电视剧只放一次"，而这些处理完了我还会回来学习的，学习什么时候都行，那些事情却只能现在做……实际上我们是有意识的过分夸大了这些看似紧急但毫无意义的事情。这时我们可以微笑着问自己："是不是借口？"然后我们从全局来考虑：我们是不是追求远大的目标，长久的快乐？我们的人生目标难道是看更多的精彩节目？这些即时的东西对我们有什么实质帮助？相比学习，如果去贪图眼前的小快乐，自己将会损失那个远处的大快乐，值不值？有一种处理事务的方法是把事情分为四类：重要而紧急的，重要而不紧急的，不重要而紧急的，不重要不紧急的。我们要先做的是前两种，而不要被那些不重要但看似紧急的事情分散了注意力。

　　抵制诱惑方法八：自我暗示。成功学核心是意识和自制。为了提高自制，我们也可以运用意识，选择一个有利于自己的情境来自我暗示。比如当自己学了一会儿就感到静不下心时，闭上眼睛，调整呼吸，然后有意识地把自己学习一段时间后产生的厌倦情绪忘掉，暗示自己其实是刚刚要学习，然后做出奋斗的表情开始继续学习。再比如，遇到朋友拉自己去打游戏或去酒吧等娱乐消费时，如果控制不住，那就把自己想象成一个对电子游戏和喝酒过敏的人。这似乎有点像催眠，有些人的自我暗示能力强，用这种方法甚至会渐渐地真的认为自己是个喝酒过敏的人，所以还要用之有度。

人都会犯错误，在许多情况下，大多数仍是由于欲望或兴趣的引诱而犯错误的。有的人只是快速穿过这一片景，大步向前，最后取得成功。而有的人则沉醉其中，不能自拔。为什么他们的结果不同？那是因为前者坚决拒绝了诱惑，而后者则沉迷于诱惑。他们对诱惑的不同态度，决定了他们最后的成功与否。所以，拒绝诱惑吧，让我们不断向前，不会停于中途。

（十二）　不要让嫉妒影响自己

在日常生活中，嫉妒的存在是很普遍的。英国科学家培根就曾经指出："在人类的一切情欲中，嫉妒之情恐怕要算作最顽强、最持久的了。"青少年由于正处在成长中，这种嫉妒他人的心理也就更多一些。嫉妒是一种心理缺陷。看到别人比自己强，或在某些方面超过了自己，心里就酸溜溜的不是滋味，于是就产生了一种包含着憎恶与羡慕，愤怒一与怨恨，猜嫌与失望、屈辱与虚荣以及伤心与悲痛的复杂情感，这种情感就是嫉妒。嫉妒是对才能、名誉、地位或境遇等比自己好的人心怀怨恨，是对别人的成就感到不快的一种心理感受。嫉妒是一种不健康的心理，是一种消极的情感表达，也是一种不健康的性格缺陷。

1. 不要让自己的嫉妒影响自己

当今社会充满竞争，个体之间的差异在交往中日益突出，便造成了嫉妒心理。大多数容易嫉妒的人从小都是争强好胜的，总是希望自己样样都比别人好。如果别人在某方面超过了自己，心里就惶惶不安、不是滋味，继而产生了一种掺杂着憎恶与羡慕、愤怒与怨恨、猜疑与失望、自卑与虚荣、伤心与悲痛等的复杂感情。如果这种心理得不到及时调整，便会从嫉妒、怨恨发展到打击、报复，最终导致犯罪。

嫉妒的害处很大，一个朝气蓬勃的年轻人，一旦受到嫉妒情绪的侵扰，往往会头脑糊涂甚至丧失理智，处处以损害别人来求得对自己的补偿，以致干出种种蠢事来。心理上所导致的劣性刺激，还可使神经系统功能受到严重影响。如果不能及时走出嫉妒的心理阴影，很有可能会做出一些不恰当的事情，影响自己的前途和发展方向，常常使人后悔莫及。

那么，嫉妒心理太强的青年应该如何克服这一性格上的弱点呢？

（1）**正确认识法**

嫉妒心的产生往往是由于误解所引起的，即人家取得了成就，便误以为是对自己的否定。其实，一个人的成功不仅要靠自己的努力，更要靠别人的帮助；荣誉既是他的，也是大家的，人们给予他赞美、荣誉，并没有损害你。

（2）**攻击嫉妒法**

嫉妒心一经产生，就要立即把它打消掉，以避免其作祟。这种方法，需要靠积极进取，使生活充实起来，以期取得成功。

（3）**不妨想开些**

人生总有不如意之事，所谓"人人有本难念的经"即是此理。如果正处在愤怒、兴奋或消极的状态下，假如能够想开些，能较平静、客观地面对现实，是能达到克服嫉妒的目标的。

（4）**正确比较法**

一般而言，嫉妒心理较多地产生于周围熟悉的年龄相仿、生活背景大致相同的人群中。因此，只有采取正确的比较方法，多看到自己的优点和长处，才能免受到自卑的打击。

（5）**自我驱除法**

嫉妒是一种突出自我的表现。无论什么事，首先考虑到的是自身的得失，因而引起一系列的不良后果。若出现嫉妒苗头，就及时进行自我约束，摆正自身位置，努力驱除嫉妒心态，可能就会变得"心底无私天地宽"了。

总之，面对别人的成功，既要积蓄你自己大量的精力、时间、智慧去创造应该属于你的成就；又要洒脱和不甘落后，对自己充满必胜的信心。这才是强者的风度，也是促使你不断成功的催化剂。

成功者充满自信，洋溢活力；而普通人即使腰缠万贯、富甲一方，内心却往往脆弱而灰暗，其原因往往就是与生俱来的嫉妒感。驱除嫉妒感，人就能变得更加自信。嫉妒是一种扭曲的评价方式，是一种歪曲的人际关系；嫉妒感则是对他人成功的一种敌意。嫉妒感强的人常常会对成功的人怀有一种敌对情绪，他们的心灵深处其实是自惭形秽，他们往往缺乏信心。所以，嫉妒是束缚创造力的枷锁。

2. 不要让他人的嫉妒影响自己

从理论上讲，几乎所有的人都或多或少持有嫉妒感。成功者能克服嫉妒、超越嫉妒，就在于他们能运用调控方法提高心理承受力，不甘嫉妒，发愤图强，摆脱嫉妒阴影的纠缠，获得充分发挥生命力的主动权。

很多嫉妒别人的人其实是很想自己获得成功的，正是因为这种心理很强烈，所以看到别人已经成功，心理就很不高兴。

在现实生活中，嫉妒不但对团结有害，对事业有害，对个人也是有害的。周瑜曾仰天长叹"既生瑜，何生亮，"是嫉妒害得他英年早逝。

在现实中，嫉妒者与被嫉妒者往往在行业、性别、年龄、智，力水平等方面都极为相似。如庞涓嫉妒孙膑，周瑜忌妒诸葛亮，戴维忌妒法拉第，他们都是当时的杰出人才，只是由于嫉妒心理的恶性发展，才酿成最后的毁灭之果。

由于双方之间的实力几乎不相上下，所以嫉妒常常会引起一些严重的冲突，这显然是最坏的结果了。倘若有人嫉妒你，你应该如何应付呢？这也是人生在世所必备的一项技能。在人际交往中，面对嫉妒、攻击、诬陷、尴尬等负面言行，要能做到随机应变，处事不惊，保持冷静的头脑。下面就介绍一些随机应变的方法。

（1）**不怕被嫉护**

镇定自如地做自己想做、又对社会有益的事情。决不为嫉妒者的风言风语和不光彩的行为所左右。就像鲁迅所说的那样："走自己的路，让别人去说吧！"只有能顶住嫉妒的压力走自己路的人，才是生活中的强者，才有可能取得成就。

（2）**以德报怨，赢得人心**

以豁达的态度和宽广的胸怀对待嫉妒。对嫉妒者的冷嘲热讽不必理会，对嫉妒者采取的攻击行为，只要没有造成较大的伤害，也不必计较。主动与嫉妒者增加交往，增进了解，发展友谊，并诚心诚意地鼓励和帮助他提高水平，赶上自己，就可以消除双方之间的差距，化解嫉妒。

(3) 以倾诉化解敌意的嫉护

嫉妒的根源在于心理上的不平衡，通过倾诉可以化解这种不平衡，从而使对方消除对你的敌意。

倾诉的方法有很多种，你可以有意无意地向嫉妒者谈起自己写文章的辛苦和发表文章的不易。为了写文章，牺牲了许多人生乐趣。比如不上歌舞厅、不看电影、电视、不打牌下棋、不串门聊天等等，他见你的成绩来之不易，牺牲巨大，嫉妒心自会消减。有机会讲一些自己不顺心的事情，谈一谈生活中的挫折，这些都能够缓和别人对你的紧张情绪，切忌在嫉妒者面前夸夸其谈，流露出骄傲自满和盛气凌人的情绪，如此会激发出他更强烈的嫉妒心。

(4) 用成就战胜嫉护

征服他人的嫉妒和恶意的最好方法就是用你的实际行动换来成功。因为你的每一次成功都是对与你为恶的人的一次折磨；你的每一次辉煌对于你的竞争对手都是一次沉重的打击。最伟大的惩罚就是成功。心中充满嫉妒的人，每当其竞争对手成功一次，他就会失望一次。若被嫉妒的人永远成功，对嫉妒者就是永远的惩罚。诸葛亮曾被周瑜所嫉妒，但是诸葛亮没有和周瑜进行口舌之争，而是用一次又一次的成功和神计妙算来征服气量狭窄的周瑜。

对嫉妒与恶意表现出针锋相对的样子没有任何益处，表现大度你才能成就更大。首先你要想到，别人的嫉妒是对你成功的另一种形式的肯定，所以不要让嫉妒你的人过深地伤害你的心。你应该在心底常常这样想：没有比赞美挖苦过你的人更令人敬佩的了；没有比用智慧和品行战胜狭隘的嫉妒更令人起敬的了。

成功的号角一方面歌颂了成功者的辉煌，另一方面也宣告了嫉妒者痛苦煎熬的开始。一个成功者的周围必然有很多心怀嫉妒和恶意的人。征服他人的嫉妒和恶意是一个成功者必备的技能。

记住一点，不要让嫉妒影响你的心态，那么我们离成功就近了一步。

第三章　改变理念　奠定基础

（一）态度决定命运

美国西点军校有一句名言就是："态度决定一切。"没有什么事情做不好，关键是你的态度问题。事情还没有开始做的时候，你就认为它不可能成功，那它当然也不会成功，或者你在做事情的时候不认真，那么事情也不会有好的结果。没错，一切归结为态度。你对事情采取什么样的态度，就会有什么样的结果。

有很多人的知识非常好，但是行动力很弱；有很多人懂得的事情非常多，但是态度却非常差劲。

三个工人在砌一面墙。有一个好管闲事的人过来问："你们在干什么？"第一个工人爱理不理地说："没看见吗？我在砌墙。"第二个工人抬头看了一眼好管闲事的人，说："我们在盖一幢楼房。"第三个工人真诚而又自信地说："我们在建一座城市。"

十年后，第一个人在另一个工地上砌墙；第二个人坐在办公室中画图纸，他成了工程师；第三个人呢，成了一家房地产公司的总裁，是前两个人的老板。

态度决定高度，仅仅十年的时间，三个人的命运就发生了截然不同的变化。是什么原因导致这样的结果？是态度！

　　那么，良好的人生态度是怎样的呢？我想它应该是河蚌忍受沙粒的痛苦而选择育出珍珠的心态，应该是蚕蛹为冲破重重阻碍而奋力破茧的抉择，应该是小草头顶着大石头的压力而挺起脊梁的刚毅，应该是海燕不畏汹涌澎湃的风浪的袭击而毅然飞翔于蓝天时的勇敢……

　　河蚌、蚕蛹、小草、海燕，这些原本渺小的生命尚能到达如此境界，我们作为万物之灵的人呢？我们要把握自己的命运，我们要创造人生的辉煌，为此，我们选择积极的拼搏的态度。

　　良好的人生态度，常常能使我们走出逆境，把握自己的命运，走向成功的大门。

　　忍受宫刑的司马迁，写出了"史家之绝唱，无韵之离骚"的巨著《史记》；双耳失聪的贝多芬谱出了令世人震撼的《第九交响曲》；还有那既听不到，也看不到，还说不出的海伦居然成为美国历史上最受尊敬的女性教育家。这一切，让我们常人看来近乎不可能之事却都发生了。为何？一切都缘于他们具有积极的人生态度。他们有把困难当成垫脚石的大勇，有把缺陷当成上帝赐予的礼物的大气。

　　良好的人生态度，常常使我们的人生化平淡为神奇。

　　每个人可以有不同的命运，但每个人都可以有自己的辉煌，这其中的关键就在于你的人生态度。刘翔从小刻苦训练，通过自己的不懈努力，最终获得世界"飞人"的称号。反观他的人生，要是没有挑战人生的心态、没有为国争光的念头，他能成功吗？他能有自己如此般灿烂的人生吗？姚明不也正在演绎着这个真理吗？

　　"不想当将军的士兵不是好士兵！"是啊，谁不想拥有自己的辉煌人生呢？但是，请你首先拥有良好的、向上的人生态度！别忘了"态度决定命运"！有了良好的态度，我们就能走向成功。

（二）习惯决定你走多远

有一位哲学家曾经说过："人是文化的沉淀。"一个文明社会中的人，必然会受到社会文化观念的束缚和引导，同时也被社会文化的各种文化理念重新塑造，最终成为一个符合社会潮流的人。一个人从出生到死亡，可以说一直在不断地接受着社会文化理念的洗礼，从家庭到学校再到社会，从父母到老师再到朋友和同事，不同的文化理念一直影响着一个人的成长和发展。

如果把这句话改成"人是习惯的沉淀"，同样十分恰当。习惯的力量是无比巨大的，它决定一个人的思维方式和行为方式，从而左右一个人的成败。日常生活中，人们如果不断地重复某种行为，就会形成无意识的日常行为规律。一天之内上演着几百种习惯，长期积累，便形成了习惯性的固定倾向，并最终在人们生活的方方面面起支配作用。习惯有好坏之分，好的习惯是成功的助推器，坏的习惯是成功的绊脚石。"播下一个行动，你将收获一种习惯；播下一种习惯，你将收获一种性格；播下一种性格，你将收获一种命运。"成也习惯，败也习惯。习惯是人生的主宰。习惯即命运。任何成功都是从养成好习惯开始的；好习惯是人们走向成功的钥匙。

一个人事业的成功需要有好的习惯作基础，任何人都不能否认习惯在左右我们的命运。成功者，习惯之积也；习惯者，成功之器也。养成一个好的习惯，会对我们带来一定的帮助。没有良好的习惯，事业很难成功。习惯不会说话，但它却是我们行为的代言人。

有个能识几个字的穷人在亚历山大国家图书馆发生火灾后，得到了一本记载着关于点铁成金石的书。这块奇石在黑海边可能找到，奇石外表与普通石头没什么区别，只是奇石摸起来是温暖的而普通石头则是冰凉的。于是穷人收拾行囊，变卖了所有家当，露宿在黑海边，开始了寻找奇石的历程。这个时候有趣的事也发生了……

如果捡到冰凉生石头随手扔掉的话，就有可能重复地捡到摸过的石头，这样会影响工作量和工作效率。为不让这种情况的发生，穷人不得不把拾到的每块冰凉石头扔到海里。一天过去，没有捡到传说中的奇石，一个月、一年、二年、三年……他还是没捡到传说的奇石，但他并不气馁，继续捡石头、扔石头，反重地工作着。一天早上，他捡起一块石头，一摸是温的，但他仍然随手扔进了海里，因为他已养成了往海里扔石头的习惯。扔石头已成了他习惯性的动作，以至于当他捡到梦寐以求、苦苦寻觅的奇石时，他还是习惯性地扔到海里。

看到上面带点悲剧色彩的故事，大家可能会感到吃惊，其实，类似这样的事情很可能发生在我们每个人身上。他这种坚持的精神是不错的，但是他这种习惯却是不好的。

英国教育学家洛克如是说，"习惯一旦养成，便用不着借助记忆，很容易、很自然就能发挥作用了"。在这个故事中，穷人的可贵之处，在于坚持不懈的努力，其可悲之处在于太依赖与习惯，缺乏"停顿"的思考、认真比较、或者是一点点"总结"，"总结"手中的石头是否是真的冰凉，是否该扔到海里。培根说，"习惯是一种顽强而巨大的力量，它可以主宰人生"。对于我们追求和渴望成功的人来说，不应只埋头跋涉，不时的回头看看走过的路，以免错失良机，导致失败。

成功就在我们生活中的细微之处，只要我们用心去看，成功就在指隙之间。成就事业，从点滴做起，拥有美好人生，培养好的习惯，让好习惯主宰我们的人生，为我们服务，才不会不由自主的、习惯性地把点铁成金石扔进海里。

有这样一个寓言：

　　有一天，一头猪到马厩里去看望它的好朋友老马，并且准备留在那里过夜。

　　天黑了，该睡觉了，猪钻进了一个草堆，躺得舒舒服服的。但是，过了很久，猪醒了，看见马还站在那儿不动。猪问马为什么还不睡，马回答说，自己这样站着就算已经开始睡觉了。

　　猪觉得很奇怪，就说："站着怎么能睡觉呢，这样一点也不安逸的。"

　　马回答说："安逸，这是你的习惯。作为马，我们习惯的就是奔跑。所以，即使是在睡觉的时候，我们也随时准备奔跑。"

　　动物尚且有自己的习惯，人也同样有自己的习惯。人们在日常生活和繁忙的工作中，自然而然的形成一种为人所忽略的习性——习惯，这是决定一个人一生的平坦与坎坷，失败与成功，乐观与悲观，失意与得意的关键因素。人们总是对别人的成功羡慕不已。但是我们是否想过，是什么使和我们一样平凡的人成为人中精英，让他们不再平庸，从平凡中脱颖而出，过上出人头地、与众不同的生活？这就是因为他们有一个好的习惯！

　　拿破仑曾经说过："成功和失败都源自你所养成的习惯。"人类的行为充分受习惯的影响。好的习惯，自然会成功。坏的习惯，使我们失败；没有坏习惯，自然就不会失败。习惯是由一个人行为的累积而定型，它决定人的性格，进而成为决定人生的重要因素。总而言之：行为决定习惯，习惯决定人生。

　　每个人，都可以通过改变习惯而改变自己的人生。即便其命运多舛，生命中充满挫折，只要他能够保持良好的习惯、健康正确的认知和建设性的人生态度来面对，最终会排除人生旅途中的各种困难，从而走向成功。

　　曾经有一位记者问一个诺贝尔奖获得者，你在什么时候、什么地方学到的东西，对你的一生起着最重要的作用？

这位学者毫不犹豫地说：在幼儿园里。

幼儿园里教了什么？

把自己的东西分一半给小朋友，不是自己的东西不要拿，东西放整齐，做错了事要道歉，答应小朋友或别人的事要做到，等等。这就是习惯！其实，人生当中的好习惯都是幼儿园开始教的。

习惯对于一个人的事业来说是非常重要的。好的习惯不管在我们的任何方面都是有帮助的。养成一个好的习惯就是向成功迈了一步。天天有一个好的习惯，我们的事业也将有所成。

养成好习惯并不难，过程虽然痛苦，一旦养成，就会成为我们终生的财富。比如一个人养成了一个良好的工作习惯，他对工作有一种亲和心理，会从心底把工作当成自己的第一需要，让它变成一种乐趣。他会有意识地支配他按照平时的套路做那些与工作相关的事，使之在不知不觉中把事情做得既轻松又有条理。这样的话，工作的过程就变成享受快乐的过程。

一个人工作、学习、生活的好坏，一小部分与智力因素相关，但大部分与非智力因素相关，而在信心、意志、习惯、兴趣、爱好、性格等非智力因素中，习惯又占有重要的位置。曾经有人做过一个试验，让三个人完成同样的一件事，没想到，结果却因为每个人工作习惯的不同而出人意料。

从长远考虑，无论对我们的事业，还是对我们的人生来说，成功是一种习惯。找到一份好工作很难，把握机会应该先从养成好习惯做起，这对我们的生活、事业，都有一定的帮助，同时也是一种收获。

好习惯的形成大致分三个阶段：

第一阶段：1~7天。此阶段的表现特征是"刻意，不自然"。你需要十分刻意提醒自己改变，而你也会觉得有些不自然，不舒服。

第二阶段：7～21天。不要放弃第一阶段的努力，继续重复，跨入第二阶段。此阶段的特征是"刻意，自然"。你已经觉得比较自然，比较舒服了，但是一不留意，你还会回复到从前，因此，你还需要刻意提醒自己改变。

第三阶段：21～90天。此阶段的表现是"不经意，自然"，其实这就是习惯。这一阶段被称为"习惯的稳定期"。一旦跨入此阶段，你已经完成了自我改造，这项习惯就已经成为你生命中的一个有机组成部分，它会自然而然地为你"效劳"。好习惯，坏习惯，均是如此，都是在不断的重复中慢慢形成的。

心理学家研究指出，一项看似简单的行动，如果你能坚持重复21天以上，你就会形成习惯；如果坚持重复90天以上，就会形成稳定习惯；如果能坚持重复365天以上，你想改变都很困难。同理，一个想法，重复21天，或重复验证21次，就会变成习惯性的想法。

这样看来，改掉不良的旧习惯，养成好习惯，也就没有我们想象的那么难了。

任何一种行为只要不断地重复，就会成为一种习惯。同理，任何一种思想只要不断地重复，也会成为一种习惯，进而影响潜意识，在不知不觉中改变我们的行为。

这就是"21天好习惯培养法"的设计原理，其具体要点如下：

1. 坚持这个习惯21天。

2. 让自己清楚地了解到新习惯带来的好处，因为感情远远比理性的强迫更有动力。

3. 把它当作一个试验。像一位科学家一样，把培养习惯当作一次尝试，而非一个心理斗争。这将有助于集中精力处理，随时调整和正确对待结果。

4. 远离危险区。远离那些可能再次触发你旧习惯的地方。

5. 用更好的东西替代你失去的东西，如果你戒掉了烟，虽然你失去了香烟的刺激，但你却得到了无价的健康。

6. 将计划写在纸上，并告诉你的朋友，给自己一种压力。

7. 保持简单。建立习惯的要求只需要几条就可以了。保持简单，更容易坚持。

8. 不要追求完美。一步一步地做起，不要指望一次就全部改变。成功，就是简单的事情反复地做。之所以有人不成功，不是他做不到，而是他不愿意去做那些简单而重复的事情。

所以，只要你开始做，并一天一天地坚持下去，你就会取得意料之外的效果。

习惯是人的第二天性，如同人的性格一样，决定着人的命运。俄国学者乌申斯基说："良好的习惯乃是人在其神经系统中所存放的道德资本，这个资本不断地增值，而人在其整个一生中就享受着它的利息。"习惯有着神奇的力量，既能成就一个人，也能毁灭一个人。好的习惯让人立于不败之地，坏的习惯把人从成功的舞台上拉下来。

如果你渴望成功，那么就不要忽视习惯的力量，勿以善小而不为，勿以恶小而为之，从生活中的点滴细微之处养成好习惯，脚踏实地做好每一件小事，用习惯的力量把自己推上耀眼的人生成功舞台！

（三） 始终保持快乐的心情

林肯曾经说过，"根据我的观察，人们快乐与否，完全是自己的决定。"人的能力有大小，日子不可能每天都过得轰轰烈烈。在如今快节奏的生活里，越来越多的人感觉生活太累，觉得快乐离我们越来越远。其实仔细琢磨一下，快乐真的很简单，就在你生命中每一个不为人注意的瞬间，关键是我们少了一双发现的眼睛，少了一颗比较快乐的心。就像一个广告词里说的，其实是你没有发现，原来最美好的一直都在身边。生活是不需要注释的，快乐是一种属于个人的感觉和心态，只要你用心活着，用心去感受，很多时候都是你开心的时刻。

有这么一个童话：

从前，有一对夫妻住在无人岛的一间小木屋里，老渔夫每天捕鱼维持生计。

一天，老渔夫很早就起床去捕鱼，直到太阳出来，他连一条鱼都没有捕到。他很焦急，因为他为自己立下了一条规则：太阳出来后，就不再撒网捕鱼了。可是，今天连一条鱼都没有，回家去怎么向老太婆交差呢？因为老太婆骂起老渔夫来可凶得很呢！

当他决定最后撒一次网时，却发现网中有一条活蹦乱跳的小金鱼，通体透明发亮。老渔夫很高兴，终于可以回家向老太婆交差了，但这时小金鱼说话了。

"老爷爷，求求你放了我吧！我可以答应你的任何要求。"

老渔夫见小金鱼抹着眼泪，煞是可怜，于心不忍就放了它。回到家中，他将事情一五一十地告诉老太婆，老太婆破口大骂："你真是笨蛋，为什么不向金鱼要一只大木盆呢！我们家的这只破木盆早就不能用了。"

老渔夫只好来到海边："小金鱼，小金鱼。"

小金鱼很快游了过来，问老渔夫："老爷爷，你要什么呢？"

"我家老太婆说想要一只新的大木盆。"

"别伤心老爷爷，你回家去吧，会有新木盆的。"

老渔夫回到家，还没进家门，老太婆又开始骂了："你真是笨蛋，既然要来一只木盆，为何不要一座大房子，有无数的侍女和仆人呢？我要成为最富有的女人。"

老渔夫又只好到海边呼唤小金鱼。小金鱼游了过来，老渔夫说了缘由。小金鱼说："老爷爷别伤心，你回去吧，会有庄园和大房子的。"

老太婆成了最富有的人，良田万顷，侍女成群。过了几天后，老太婆又开始骂老渔夫了，这次她想成为女王。

小金鱼听了老渔夫的请求后，没有说什么就摇了摇尾巴游走了。等到老渔夫回到家时，大房子没有了，还是原来的一间小木屋，老太婆坐在破木盆旁流着眼泪。

一个人是否成功不只是用金钱、权势、名望来衡量。我们常常可以看到一些大富豪，依然活得不快乐。

那么，怎么保持快乐的心情呢？

1. **转移情绪**。人生的道路崎岖不平，坎坎坷坷，难免有挫折和失误，也少不了烦恼和苦闷。此时此刻，应迅速把注意力转移到别的方面去。比如有时碰到不顺心的事情或在家中与亲属发生争吵，不妨暂时离开一下现场，换个环境，或者同别人去侃大山，或者参加一些文体活动，娱乐娱乐。这样很快就会把原来的不良情绪冲淡以至赶走，而重新恢复心情的平静和稳定，从而获得快乐的心情。

2. **憧憬未来**。追求美好的未来是人的天性，也是人类生存和社会进步的动力。只有经常憧憬美好的未来，才能始终保持奋发进取的精神状态。不管命运把自己抛向何方，都应该泰然处之。不管现实如何残酷，都应该始终相信困难即将克服，曙光就在前头，相信未来会更加美好。有一句歌词说得好，"阳关总在风雨后，相信雨后有彩虹"。

3. **向人倾诉**。心情不快却闷着不说会闷出病来，有了苦闷应学会向人倾诉的方法。首先可以向朋友倾诉，这就需要先学会广交朋友。如果经常防范着别人的"侵害"而不交朋友，也就无愉快可谈。没有朋友的话，不仅遇到难事无人相助，也无法找到可一吐为快的对象。

把心中的苦处能和盘倒给知心人并能得到安慰甚至计谋的人，心胸自然会明朗起来。除此之外，我们可以向亲人倾诉，学会把心中的委屈和不快倾诉给他们，也常会使心境立即由阴转晴。

4. 拓宽兴趣。兴趣是保护良好的心理状态的重要条件。人的兴趣越广泛，适应能力就越强，心理压力就越小。比如，同样是从领导岗位上退下来，有的人觉得无所事事，很容易产生无奈、被遗弃等失落感。而有的人则觉得退下来后无官一身轻，可以充分利用这些时间看书、写字、创作、绘画、弹琴、舞剑、养鸟、钓鱼、种花等等。总之，兴趣越广泛，生活越丰富、越充实、越有活力，你会觉得生活中处处充满阳光。

5. 宽以待人。人与人之间总免不了有这样或那样的矛盾。只要不是大的原则问题，应该与人为善，宽大为怀。绝不能有理不让人，无理争三分，更不要为一些鸡毛蒜皮的小事争得脸红脖子粗，甚至拳脚相加，伤了和气。应该有博大胸怀和高风亮节。

6. 忆乐忘忧。在人生的旅途中，有时荆棘丛生，有时铺满鲜花，有时忧心如焚，有时其乐融融。对此应进行精心的筛选，不能让那些悲哀、凄凉、恐惧、忧虑、彷徨的心境困扰着我们。对那些幸福、美好、快乐的往事要常常回忆，以便在心中泛起层层涟漪，激发人们去开拓未来，而对那些不愉快的事情，诸多的烦恼则尽量要从头脑中抹掉，切不可让阴影笼罩心头，而失去前进的动力。

7. 淡泊名利。现实生活中有的人把名利看得很重。得陇望蜀，欲壑难填，财迷心窍，官瘾十足。有的为了名利，不择手段，一旦个人目的没达到，或者耿耿于怀；或者心事重重，甚至一蹶不振。不要那么斤斤计较，不要把名利看得那么重，否则，容易导致心理失衡。除此之外，经常锻炼身体，合理饮食，养成良好的生活习惯，这些对于保持一份好心情也是至关重要的。

（四）适应变化　享受变化

我推崇这样一句名言："世界上唯一不变的是变化。"现代社会的发展可谓一日千里，瞬息万变。作为一个个体的人只是社会这个大海中的一滴水，个体永远要去适应大的趋势，任何个体和社会的对抗都将是一场悲剧。因此，智者应该不断地适应社会的变化。我国古代哲学家韩非子说过"时易则备变"，就是说在不同的环境下要有不同的生活和行为法则。人生从小学到中学再到大学一直到走向社会，这个过程中有很多次角色的转变和环境的变化，都需要你自己准确地适应新情况。

人是社会的人。每个人都在特定的社会环境之中生活，环境对人有一定的要求；人对环境也有一定的需要。社会环境对人有一定的要求条件，人对环境也并非心满意足，这样就需要适应。适应能力对一个成大事者来说是非常重要的，它是成大事的基础，因为一个人若连适应生存的能力都没有，那么还成什么大事呢？

相信大家都读过《谁动了我的奶酪》。这个故事讲述的是四个小生灵如何去面对变化、如何去应变、如何行动。其心态、思维、行动都可以在我们现实生活中找到类似的身影。两只小老鼠"嗅嗅""匆匆"和两个小矮人"哼哼""唧唧"。他们生活在一个迷宫里，奶酪是他们要追寻的东西。有一天，他们同时发现了一个储量丰富的奶酪仓库，便在其周围构筑起自己的幸福生活。很久之后的某天，奶酪突然不见了！这个突如其来的变化使他们的心态暴露无疑：嗅嗅、匆匆随变化而动，立刻穿上始终挂在脖子上的鞋子，开始出去再寻找，并很快就找到了更新鲜更丰富的奶酪；两个小矮人哼哼和唧唧面对变化却犹豫不决，烦恼丛生，始终固守在已经消失的美好幻觉中追忆和抱怨，无法接受奶酪已经消失的残酷现实。经过激烈的思想斗争，唧唧终于冲破了思想的束缚，穿上久置不用的跑鞋，重新进入漆黑的迷宫，并最终找到了更多更好的奶酪，而哼哼却仍在对苍天的追问中郁郁寡欢……

"奶酪"代表我们生活中任何想得到的东西，它可能是一份工作，一种人际关系，也可能是金钱，一幢豪宅，还可能是自由、健康、社会的认可。我们所处的时代是一个不断"变化"时代，每个人随时都有可能面临着与过去完全不同的环境，常会感到自己的"奶酪"在发生变化。各种外在的强烈变化和内心的冲突相互作用，容易使人们在各种变化中茫然无措，首先会问——到底是谁动了我的"奶酪"？然后有的人可能会对新的生活无所适从，不能正确面对，陷入了困惑和迷茫之中，难以自拔，像哼哼那样陷入"失去"的痛苦、"决策"的两难、"失望"的无奈中，那么生活的本身就会成为一种障碍。

生活在这样一个快速、多变和危机的时代，每个人都可能面临着与过去完全不同的境遇，人们时常会感到自己的"奶酪"在变化。事物总是不断变化的，"优胜劣汰，适者生存"这一自然规律诠释着我们应该以怎样的心态去应对事物的变化。现在正是知识经济时代，科技发展日新月异，全球经济逐渐向一体化和多元化的方向发展，人们生活水平和生活方式发生了很大的变化。当前我们企业同样也面临着诸多的冲击，市场变了，经营管理方式变了……在这突如其来的巨变面前，要想迅速找到新的"奶酪"，我们应尽快适应这个时代的快速变化，有良好的适应变化的心态，做到随时准备套上"跑鞋"，像"唧唧"那样在迷宫中勇敢坚韧地去探索出路。

有位生物学家曾经做过这样的实验：把六只蜜蜂和同样多只苍蝇装进一个玻璃瓶中，然后将瓶子平放，并且让瓶底朝着窗户，来观察苍蝇和蜜蜂的不同反应，结果看到那六只蜜蜂拼命地想在瓶底方向找到出口，它们拍打着翅膀飞来飞去，一直到它们筋疲力尽地死去；而那六只苍蝇却在不到两分钟时间内，就穿过另一端的瓶颈逃出了瓶子。是不是这个实验说明了苍蝇比蜜蜂要聪明呢？事实并非如此，正是由于蜜蜂对光亮的喜爱加上它们的智力，蜜蜂才没有找到正确的出口从而走向灭亡的。

在蜜蜂看来，一个囚室的出口就必然在光线最明亮的地方，所以它们不停地重复着这种合乎逻辑但不合实际的行动，这是一种很不明智的做法。对蜜蜂来说，玻璃自然是一种超出它们想像力的神秘之物，它们在自然界中从没遇到过，虽然是透明的但却是不可穿越的大气层，因此，它们不会放弃它们的努力，而它们的智力越高，玻璃这种奇怪的障碍就越显得无法接受和不可理解，它们就越是难以找到出口。

而那些苍蝇则对事物之间的逻辑毫不留意，它们全然不顾亮光的吸引，只是四下乱飞，结果却是误打误撞地碰上了好运气，找到了出口，飞出了瓶子。这些头脑简单的苍蝇出人意料地总是在智者消亡的地方顺利得救……

因此，每一个渴望成功的人都应该像智者一样，不断地收集时代变化的信息，认真地总结自己的所见所闻，不断地适应新的发展趋势和新情况。那些固执的不善于变通的人，注定会被新的社会潮流所淘汰。

社会是不断变化的，我们需要不断的适应变化。学会享受这些变化，才不会被社会所淘汰；这个社会才会有我们的立足之地。

适应新环境的能力从我们上幼儿园开始就在不断的接受考验了。社会在不断变化，我们在成长中也在不断的去适应，可以说一个人的适应新环境能力范围很大程度上决定了一个人在未来生活和职场的幸福感和成就感。新环境的适应首先一点就是对新事物的兴趣和了解，以下 10 个公司你知道他们主要销售什么类产品？如果你不能说出一半，那么说明你适应新环境的能力不足或缓慢。

说明：下面有 10 个电子商务公司，每个电子商务公司有 5 个备选答案，请根据自己了解的（不准先上网搜）实际情况，在题目后面圈出相应的数字，每题只能选择一个答案。

1. 红孩子商城

2. 麦包包

3. 七彩谷商城

4. 钻石小鸟

5. V＋名品折扣区

6. 好乐买

7. 千里目投影城

8. 我买网

9. 京东商城

10. 世纪电器网

10 个电子商务公司每个答对是 10 分，总得分与适应能力的对应关系如下：

20—35 分，很差；

36—51 分，较差；

52—68 分，一般；

69—84 分，较强；

85—100 分，很强

答案：

1. 母婴用品　2. 皮包包具　3. 成人用品　4. 钻石　5. 衣服

6. 鞋类　7. 投影机　8. 食品　9. IT 商品　10. 电视家电

另外，再看一道心理适应能力测试题。

说明：下面有 20 道题，每道题有 5 个备选答案，请根据自己的实际情况，在题目后面圈出相应的数字，每题只能选择一个答案。

1——很符合自己的情况

2——比较符合自己的情况

3——很难回答

4——不大符合自己的情况

5——很不符合自己的情况

1. 假如考试时能允许我到一个安静的房间，在无人监考的情况下答题，我的成绩肯定会好一些。

2. 无论在多么紧张的情况下，我总是能保持镇静，不会丢三落四，紧张得什么都忘记了。

3. 当家中其他人的朋友或同事来做客时，我总是尽量避开他们，离开家外出或躲到别的房间去。

4. 即使在非常吵闹的场合，我也能集中注意力工作或学习，效果不会降得很低。

5. 和别人争论时，我往往想不出反驳的话，事后又想起应怎样反驳对方，但已经晚了。

6. 为了能和大家和睦相处，我常常放弃自己的意见，去附和多数人。

7. 每次离开家到一个新的地方去，我总会有一些不适应，如失眠、拉肚子等。

8. 我不怕夜间一个人走路。

9. 在生人面前，或在大庭广众之中讲话，我感到窘迫。

10. 我参加正式考试的成绩，比平时练习的成绩更好些。

11. 我在冬天比别人更怕冷，在夏天比别人更怕热。

12. 如果需要的话，我可以熬一个通宵，精力充沛地工作或学习。

13. 即使我把课本背得滚瓜烂熟，要我在课堂上当众背诵，我还是会出些差错的。

14. 我在会上发言时，总是很镇静、自然，胜过大多数人。

15. 在检查身体时，医生说我"心动过速"，其实我平时脉搏很正常。

16. 到别处去时，即使饮食、睡觉等生活环境变化很大，我也能够很快适应那里的生活。

17. 我在参加比赛时，赛场上气氛越热烈，我的成绩越是上不去。

18. 在课堂上回答问题或在开会时发言，我能够镇静不乱地把自己事先想好的一切话都说完。

19. 我希望工作时能独立进行，因为我独自工作比和大家一起干时效率要高。

20. 我很容易与刚见面的陌生人攀谈起来。

评价与评分：

题号为单数的题目评分标准为：1记1分，2记2分，3记3分，4记4分，5记5分。

题号为双数的题目评分标准为：1记5分，2记4分，3记3分，4记2分，5记1分。

20道题总得分与心理适应能力的对应关系如下：

20—35分，很差；

36—51分，较差；

52—68分，一般；

69—84 分，较强；

85—100 分，很强。

（五）顺时而动　改变你的处世方式

在客观形势发生变化时，你的处世方式也应随之改变，不然你会吃亏或败下阵来。所以，我们必须能顺应时势，善于变化。这也是成大事者适应环境的方法。

当今社会，各种事物都是飞速发展变化的，因此深处其中的人，也应审时度势，顺势而变才能取得成功。在这里我们以曾国藩为例，虽然他并不处在我们这个时代，但从他的一生"三变"中，我们可以获益颇多。

曾国藩的处世之道，实际上是一种灵活辨证的处世态度和方法。因此，虽然他处世中勤于功名，以儒家思想为核心，格守仁义的其宗未改，但在做事为人的"形"上，却是一生三变。正是这"三变"蕴含了人们对他的褒贬。但不管怎样，没有这适时的"三变"便不会有他更大成功和名声。

有记载说：曾国藩"一生凡三变，书字初学柳宗元：中年学黄山俗，晚年学李黄海，而参以刘石，故挺健之中，愈饶妩媚。"这是说习字的三变。"其学问初为翰林词赋，即与唐镜海太常游，究心儒先语录，后又为六书之学，博览乾嘉训诂诸书，而不以宋人注经为然。在京官时以程朱为依归，至出而办理团练军务，又变而为申韩。尝自欲著《挺经》，言其刚也。"这是说学问上的三变。

综观曾国藩一生的思想倾向，他是以儒家为本，杂以百家为用。上述各家思想，几乎在他的每个时期都有体现。但是，随着形势、处境和地位的变化，各家学说在他思想中体现的强弱程度又有所不同，这些都反映了他深谙各家学说的"权变"之术。

曾国藩的同乡好友欧阳北熊曾经认为，曾国藩的思想一生有三变。早年在京城时信奉儒家，治理湘军、镇压太平天国时采用法家思想，晚年功成名就后则转向了老庄的道家。这个说法大体上描绘了曾国藩一生三个时期的重要思想特点。

不同的时期有不同的思想倾向，说明曾国藩善于诸子百家中吸取养分适应不同的情况。容闳说，曾国藩是"旧教育中之典型人物"。无疑，在曾国藩身上，熔铸了中国传统文的各种基因，

由此，我们可以看出曾国藩的深谋远虑和处事的老练成熟。一个人所上事业越大，所遭遇的种种人与人的冲突就会越大，一个人如果没有和人打交道的高超技巧，没有把各种情况都考虑周全的"经验化"的头脑，根本无法驾驭大的局面，将很难取得像样的成功。

从阅历中提练社会经验，恰恰是我们年轻人最缺少的东西，所以我们走向社会之后，要尤其强化对社会经验的学习。一个人能看清自己的现状，心态就会平衡许多，就能以一种客观的眼光去看待，认识这个世界，并且相应地调整自己的行为。有句话说的好，智者顺时而谋，愚者逆时而动。所以，我们要顺时而动，改变自己的处世方式。

在当今社会，顺时而动是必不可少的。许多人是善于抓住和创造机会的高手，但是他们总是在努力，总是在奋斗，绝对不放弃生命中的任何一次机会，即使形势仿佛已经对自己不利，即使在这一过程中产生了这样或那样的错误，他们仍然一个思想进行到底。他们不懂得顺时而动，不懂得在错误中寻找有利的东西，从而导致他们很难成功，即使成功了也是付出了巨大的代价。这种成功的成本太大，是不值得的。

其实，一个人不犯错误是不可能的，特别是探索未知领域和发明

创造、乃至生活的每一个细节中。关键在于要变坏事为好事，根据形势的变化顺时而动，改变自己的处世方式，这才是明智之选。

（六）开拓视野　提高认知

世界总是在变，环境总是在变，条件总是在变，你的视野也应不断地开阔，你的思想也应该不断地变化。否则，你可能会变成一只井底之蛙，只看见头顶上的一片蓝天。

一个人生存于世，就像一滴水存于汪洋大海一样，常常由不得自己去控制自己的一切，你周围的环境常常限制着你的思想，你的行为又受到自己思想的指导。有的人最终能够成为登上顶峰的成功人士，并不只是因为他们拥有超出一般人很多的才华，常常是他们有比别人更加开阔的视野。因此，他们善于看到更远的风景，他们敢于动手去做一些大事。由此可见，积极开拓自己的视野是一个人一生中的重要任务。

开拓视野，提高认知，方法有很多，下面就来介绍几种。

1. 培养开放心态与思维方式

能否真正拓宽视野和完善思维，是否具备开放的心态、靠谱的主见世界观和理性的思维方式以及能否恪守基本准则是一个先决条件。盛唐时人们的开放胸怀与平和、中庸、实用、理性的思维方式和审美情趣，是他们创造出先进物质文明和辉煌文化并达到前所未有高度的一个原因。

2. 通过网络或书籍获取有助于训练头脑的信息

网络时代谈读书，似乎有点落伍了，现在的人读书的频率也大大降低。所以不只要读书，还要通过包括网络和纸质书刊在内的各种手段，获取有助于训练头脑的信息资讯。书的种类有很多，我们也要选取有用的书去读。

（1）文学至少要看一点，让自己不失口才和驾驭文字语言的能力，也保持适当的审美情趣。

（2）历史的东西看一些，让自己在历史的深沉中形成宏观的视野和树立发展、运动、联系的观点，这能让人洞察人性和社会规律，也能把自己碰到或观察的事看得更开更透。如果积淀上一些有说服力的史实案例，对于增进口头辩才和思辩逻辑力量也颇有裨益。

（3）哲学概论似的东西看一点，对几派观点和大体哲学史有个概念，再用头脑中形成的印象反观现实，如果你恰好是个喜欢思考事物背后、抽象一般规律的人，就会发现生活中许多东西没有逃脱出哲人们的总结。

（4）管理类的经典或者案例也可以看看，让自己跟商业社会、时代脉搏贴的更紧。

3. 和见多识广思想有深度的人打交道

和对的人交流，本身就能使人视野放宽，何况还能带来人脉和机会。大一的时候，未必要急着和社会充分接触，可以和一些公认各方面口碑较好的学长保持联系和交流。

4. 积极尝试新事物

也许你一直认为自己非常脆弱，经不起摔打，如果涉足于完全陌生的领域，会碰得头破血流，这是一种荒谬的观点。当你身处逆境时，你可以依靠自己战胜困难；当你遇到陌生事物、身处陌生环境时，你不会经不起考验，更不会一蹶不振。我们没有必要为自己所做的每一件事寻找理由。你如果认为事事都要有理由，你就不可能去尝试新的经历。当你还是个孩子时，你会逗蚂蚱玩上一个小时，其理由只不过是喜欢玩蚂蚱。你或者还曾上山捉迷藏或到树林里"探险"，为什么呢？因为你喜欢这样玩，仅此而已。可当你成为大人后，你却要为做每件事找一个充分的理由。这种对理由的"热衷"阻碍了你的成长与发展，使你不能开放自己。

5. 旅游

条件允许的前提下，能出去走走的时候，不要犹豫啊。毕竟除了内在的修炼，人还需要增加外在的见闻。见多识广的人，心态也容易开放，容易接受不同的东西，也容易受别人欢迎。

（七）尺有所短 寸有所长

一日，小兔和长颈鹿一同去郊游。走着走着，它们肚子都饿了，可是周围又没有草地。

于是它们到了一堵围墙边，只见茂密青嫩的树叶探出围墙外。长颈鹿快乐地跑上前去，伸出它的长颈子，津津有味地吃起树叶来。可怜的兔子，无论如何也够不着树叶，只能眼睁睁地看着长颈鹿吃树叶。

兔子怏怏不乐地在墙四周徘徊着。忽然，它发现围墙底下有一个洞，里面有青草，并发出诱人的芬芳。它欢呼着穿过洞，狼吞虎咽地吃了起来。

长颈鹿闻声也赶来了，可是它怎么也无法钻过洞去，只能看着一大片青草，流着口水。

长颈鹿之所以能够吃到树上的叶子，是因为它有足够的高度；而它之所以无法吃到青草，也正因为它太高大了。

这是一个有趣的故事，应用到人们身上，同样有意义。人活在世上，不会一无长处的，当然也不可能是十全十美的。

我们仅是粗浅地知道自己的优点和缺点是不够的，还应更深入地了解自己。

首先，你得对自己的优缺点保持客观多面的看法。有时候，你的优点也许会变成缺点，而你的短处也许会变成长处。

战国时代的孟尝君手下食客上千，有满腹经纶者，也有鸡鸣狗盗之徒。而孟尝君知人善用，取其长处，正因如此，他才能在遇难时得以生还。

其次，在你的工作中，你应当随时发掘和善用自己的优缺点，时刻反省，自我剖析。只有这样，才能让你化险为夷，屡战屡胜。

总之，记住这句话：十个手指长短不一，但各有各的用途。

我们要想成功那就要扬长避短。据说，武林中曾有一种"金钟罩"、"铁布衫"的外家功夫。功成之后，刀枪不入，但并不代表从此以后就所向披靡了。这种功夫也有致命的弱点，那就是"罩门"一旦被对手找到的话，生命也会受到威胁。但是，"罩门"并不是那么容易找到的：一则，"罩门"多在脚底、脑门、眼皮等处，对手很难发现；二则，"罩门"所在，多是攻势最凌厉，防守最严密之处，即使找到也难以乘隙攻破；三则，练此功夫的人，往往把命门或其他空门一起暴露在对方眼中，虚虚实实，对手很难找出命门的所在。这些便是"用我矛利，掩我盾柯"的精华所在。

扬长避短是一种人类的本能反应，绝不是什么丢人或虚伪的表现。试想谁不希望自己在他人眼中是优秀的人？谁愿意把自己的缺点暴露出来？

聪明的人懂得扬长避短。从《三国演义》到《雍正王朝》再到《长征》，唐国强在观众心目中的分量越来越重。凭借在《长征》中的出色表演，唐国强得到了"美菱杯"观众最喜爱的中央电视台黄金时间电视剧演员金奖，使他的演艺事业达到了又一个顶峰。有观众问唐国强有没有信心演好《贫嘴张大民的幸福生活》中的张大民，他毫不犹豫地回答自己演不了，并说还有一些角色也演不好，比如说鲁智深等。因为每个演员由于外型、气质等天生的原因，都有一定的局限性，虽然大家都在尝试突破自己，但不是任何角色都能够胜任，聪明的人懂得去扬长避短。

一位名人曾经说过："人必须悦纳自己，扬长避短，不断前进。"一个成功的人，他一定懂得发扬自己的长处，来弥补自身的不足。他能够发掘自身才能的最佳生长点，扬长避短，脚踏实地朝着人生的最高目标迈进。

（八）三人行　必有我师

小华大学毕业后，到一家建筑公司当工程师。他的上司良叔，是一位沉默寡言的中年人。良叔成天只知埋头工作，绝少和同事交谈。

小华心里不禁疑惑：为什么像良叔这样不善交际的人会得到公司经理的信赖？

一次，小华设计了一个他自认非常完美的建筑设计图，左看右看，他实在挑不出任何毛病。基于礼貌，他把自己设计的草图请良叔过目，半是讨教半是炫耀地问："良叔，你觉得怎么样？"良叔接过图纸，快速地瞄了一下，用笔在草图中画了7个圈圈说："这7个地方需要修改。"

小华暗自吃惊，仔细一看，果然需要修改。从此，他对良叔的印象大大改观，打从心底里尊敬良叔，一有机会便向他请教。良叔也很乐意给予指点，两人遂成忘年之交。

刚跨出校园走向社会的人，往往自视清高，对同事总会抱着轻视的态度，总觉得他们不如自己，有时还会对职位较高的同事的能力抱怀疑的态度。

其实，每个人都各有长处，而这些长处也许恰恰是你所欠缺的。

孔子曰:"三人行，必有我师焉。"这句话，表现出孔子自觉修养，虚心好学的精神。它包含了两个方面：一方面，择其善者而从之，见人之善就学，是虚心好学的精神；另一方面，其不善者而改之，见人之不善就引以为戒，反省自己，是自觉修养的精神。这样，无论同行相处的人善与不善，都可以为师。

几乎，每个人都可成为你的老师。因为每人的掌握的知识技术各有不同。就算你才高八斗，学富五车。但一个大字不识一个的木匠也可以成为你的老师，他虽然不会之乎者也，但可以用灵巧的双手造出一把漂亮的椅子或一张结实的木桌。这样看来，在做木工上，他绝对是你的一个好老师。所有的知识是我们在一生当中学不完的。学海无涯就是这个道理。我们今天所学的知识只是在无边无际的海洋中的一个岛屿。所以我们要清楚的认识自己的不足，发现他人的长处。

认识到他人的长处，并虚心求教，不耻下问，是获得真知的有效途径。只有谦虚的人，才能经常发现自己的不足，从而得到各方面的指导和帮助，使自己不断进步。这个道理仿佛谁都明白，但在实际生活中，有的人却往往表现的不够谦虚，只要得到一点成绩就沾沾自喜，认为自己什么都懂了，不愿请教他人，这实在是幼稚无知的表现。古往今来，有多少卓越的科学家总把谦虚作为自己的座右铭。告诉自己学无止境，要虚心向他人学习。

人们常有先入为主的习惯，总会陷入"说你行，你不行也行；说你不行，你行也不行"的看法中。其实这是很可怕的。明明看到别人的长处正是自己所缺乏的，却仍不愿意去承认。怕承认了，自己就比别人差一等，这样是不可能让自己进步的。所以，我们要极力破除先入为主的观点，无论什么背景身份的人，你都应当虚心承认他的长处，并不耻下问，将他人之长变为自己所有。

李时珍撰写《本草纲目》的几十年间，读过八百多种典籍。在研读古书时，发现诸家说法并不一致，且相互矛盾，便多方深入实际，亲自"采药"，同时向许多有实践经验的医生、药工、樵夫、渔夫等人请教，终于鉴别考证了历代记载的一千多种药物，为它们重新做出了科学结论。我国古代学者刘开说过："君子之学必好问，问与学，相辅而行者也。非学，无以致疑；非问，无以广识。"学与问相辅相成。一个人智慧有限，知识无涯，学习中总会碰到许多疑难问题。我们提倡虚心求教、不耻下问，就是碰到问题，实事求是，不懂不要装懂，不懂就要多向人请教，而且要有点打破沙锅问到底的精神，这样才能获得知识。

让我们抱着"人皆我师"的态度，在虚心求教中获得真知吧！

（九）前事不忘　后事之师

古人云："前事不忘，后事之师"（《战国策·赵策一》）。是说不忘记以往的经验教训，作为以后行事的借鉴。人虽然不能踏进同一条河流，但历史总是惊人的相似，我们有可能天天面对同过往相同的处境，却不知所措。人生要学会借鉴，正如我们剖析"沉舟"，就是为了"千帆过"，我们分析"枯木"，就是为了"万木春"……中华自古圣人辈出，我们没有理由怀疑老祖先的智慧，更没有理由否认这些至理名言。"以史为鉴，面向未来"，我们才能继往开来，不断前行，"前事不忘，后事之师"，我们才能走向成功。

历史上有多少仁人志士在实现了自己的抱负后，面对皇帝赏赐的金钱、权势毫不动心，决然离去，因为他们深谙一个道理，坐在皇椅上的那个人可以和你一同开创霸业，但却不能和你一同分享胜利果实，哪怕你对他现在得到的江山付出过多大的心血，相反，你付出的的功劳越大，你就越危险。

韩信当年为刘邦鞍前马后，付出了多少心血，但当江山稳稳落入刘邦手中，一切都尘埃落定时，被封为淮阴侯的韩信却是"良弓藏，飞鸟尽，狡兔死，走狗烹"。韩信的死或许说明了刘邦的卑鄙，但是，饱读诗书的韩信却忘记了"前事不忘，后事之师"这个自古不变的道理，不能抽身而去；功高盖主、满富才华的他被吕后无情地斩杀。

他们都没有吸取古人的教训，借鉴他们的经验，因而不得而终。相反，当年越王勾践手下的大夫范蠡，辅助越王勾践卧薪尝胆、报仇雪恨，但范蠡深知越王勾践这个人是可以共患难而不能共富贵的，最后辞官下海，才得以安享天年。

　　人应该是向前走，但"万事回头看"也是人生的智慧。常检点自己的为人处世，把自己走过的路看得更清、更全、更远，从而站在高处主动校正自己的坐标和目标，把今天的路走好，把明天的路走得更坚实、更稳健、更成功。经常反省自己的教训，就是将自己的缺点看的全一些、严一些，从而使自己常处于清醒的状态，避免顾影自怜。把自己的教训看得深一些、重一些，主动吸取，谨慎把握，使自己的人生多一份快慰，少一份惋惜；多一份幸福，少一份不幸；多一份成功，少一份失败。

　　社会发展，日新月异。国际上出现了新的名词阐释中国发展现状称之为"中国速度"。我们似乎被"中国速度"感染了，变得焦躁不安，总想着加快步伐，总盼着立竿见影，甚至忙的都来不及总结下自己，渐渐的忘记了自己当初的目标，演变成了一味地奔跑忙碌。其实，静下心来思考，我们最关心的不是走的有多快，而是走的有多远。速度固然重要，但方向更重要，方向错了速度越快离目标越远。我们都深知不能被同一块石头绊倒两次，但更多的时间我们并不是在研究如何搬石头，而是在研究再被石头绊倒时如何摔得不疼，譬如说自己汇报工作时被领导批评了，很多人想到的是下次汇报时如何隐藏缺点躲开领导的批评，而不是分析如何把汇报做的更加合理，结果可能同样是不挨批评了，但问题一直都在，这不叫解决问题而叫频于应付。磨刀不误砍柴工，永远不要担心自己把刀磨锋利了树林没有了，那如何磨刀呢。定期写总结是一个不错的方式，总结的形式多种多样，可以写日记、周记、月记，也可以写博文，总结的原则就是自己的行为有否偏离自己当初的计划和目标，写完了并没有完成任务，因为改变一个习惯并非易事，要经常性的阅读观看，每次都会有新的收获。我个人比较推崇的方式是写博文，这样会遇到不少的志同道合者，他们会提出自己的观点和看法，有时会和你擦出新的火花，使你事半功倍，走路的时候时不时的回头看看，只要方向正确，路一直都在！

成功就是这么简单。只要有信心，勇敢地面对困难，接受前车之鉴，成功就在眼前！"前事不忘，后事之师"。所谓"前事"就是我们要学习的对象和内容。如果把"前事"的创造者誉为"巨人"的话，那我们就都是站在巨人的肩上。当然，"前事"不仅仅有成功的，也有失败的。但是成败各有得失，本来就在一线之间。我们不仅仅要学习古人为人处世的正确的道理，还要认真领会他们的经验教训。

（十）优良品格　卓越成就

王先生任职于一家外资企业，由于他很诚实、公正，工作两年便升任业务主管。一天，这家企业的老板心血来潮，将职员们都召集起来，命令他们全部跪下，如果不照做就炒鱿鱼。而只要是跪在他面前的人，便能得到"赏赐"。除了王先生以外，全公司的职员都跪了下来，王先生坚持站着，并大声质问其他同事："你们还有没有人格，他凭什么要我们下跪？"当然，王先生被解雇了。

李先生也在这家企业当警卫。当老板大发淫威后，欲乘车离开时，李先生就极尽谄媚地跑去替老板开车门，在老板进车时，还会用手挡在他的头上以免碰到车门。有天老板猛地一关车门，李先生抽手不及被车门狠狠地夹断了手指，这位老板非但没道歉，反而骂了一声："猪！"扔出两张钞票便扬长而去。

这两件事情经媒体披露后，王先生被人称赞，一家大公司马上聘任他为公关部主任；而李先生却被世人嘲笑。

虽然现代社会竞争激烈，但你仍必须保持自己的人格，即使他人为了利益巧取豪夺，尔虞我诈，你也不能以出卖人格当作竞争的筹码。

如果连自己的人格都可以不要了，那就等于连爹娘都不认了！

林肯去世多年，然而他的声誉依然遍及世界。这是因为他生前公正自、廉洁自守，从来没有践踏过自己的人格，也没有糟蹋过自己的名誉。

有人说，"无奸不商，无商不奸"。好像从商总是和奸诈画上等号。事实上，奸商的概念并不正确。一个成功的商人必须是位正人君子，为人处世必须圆滑，即使街头小贩，也无法因狡诈而受顾客爱护。再说，要想成为一名成功的商人，其事业必须建立在诚信的基础上。没有优良的品格是做不成任何事的。

在市场经济时代，良好的人格尤其具有强大的潜力。很多年轻人在开始创业时，总是埋怨资本不够。其实他们忽略了自身的人格魅力，它才是最大的本钱。钱可以赚，丧失了人格、信义，当他人不再信任你时，你就真的一无所有了。

因此，做任何事千万不要背叛自己的人格，也要不违背良心，这样，即使日后你不能功成名就，但至少能够说，我有优良的品格，我行得端坐得正，我于心无愧。

然而，有人会为了眼前的利益，轻易出卖良心，把人格抛弃了。比如说，有些女性为了金钱甘于出卖肉体；有些医生不顾医德收取红包；有些执法者收受贿赂不惜包庇坏人；有些商人仿冒假货赚取暴利；歹徒们为了钱而抢劫、诈骗、偷盗、贩毒……

也许这些人也曾受到良心的谴责，但他们却常常欺骗自己："这种事收入不菲，暂时做着，等存了一笔钱后，就改邪归正。"这种种借口，无疑是麻醉良心的借口。久而之久，上瘾了，渐渐地便麻木不仁了。

一个人从事不正当的职业，即使别人不知道，他自己也一定会鄙弃自己，一旦内心羞惭，他的自尊与自信心，也会消失殆尽。所以，当你的良心一旦怀疑自己所做的事不正当时，就应当坚决放弃。

世上还有很多正当的职业等着你去做，你大可不必去做连自己都不齿的勾当。成功学的奠基者——拿破仑·希尔博士曾说："不要因金钱而丧失人格，建立完美的人格，你才能获得财富并享受财富带来的喜悦。"

事实证明，老板们认为最好的部属是忠诚可靠的人，而不是以奉承拍马屁为能事的人。对那种狡诈、谎话连篇的部属，有眼光的老板绝不会信任！那种拥有良好品格的人是每个老板都想要的。

修炼良好的品格是我们每个人都必须去做的。只有拥有了良好的品格，我们才能拥有卓越的成就，才能走出一条通向成功的捷径。

（十一）不要掩埋自己的优势

某单位的外贸部门有两位年轻人，一位是日语翻译，一位是英语翻译。两人都是名牌大学毕业，风华正茂，在单位领导的眼里，两人都是未来的外贸部门经理候选人。

对此，两人心照不宣，在工作上暗暗较劲，你追我赶，每年的任务完成得均十分理想。

单位原先有日商的投资，因此单位经营层经常需要和日本人打交道，理所当然的，那位学日语的年轻人经常在公开场合露面。一时间，他在单位里的口碑好于那位英语翻译。

英语翻译坐不住了，照此下去，他肯定会处于劣势，失去很好的晋升机会。

于是，他决定凭着大学时选修过日语的基础，暗暗学习日语，准备超越对手。

为了不让别人知道，他学日语是在暗中进行的，他几乎把业余时间都花在了日语的学习上。

几年过去了，他拥有了一张日语等级证书。他开始尝试着与日商进行会话，帮助营销员处理一些日文的翻译任务。

同事们对他掌握两门语言十分佩服，他自己也有一种成就感。但就在他自我感觉良好的时候，他翻译一份贸易合同时出现了关键词汇失误，给公司造成 10 万美元的损失。虽然事后公司通过谈判，挽回了部分损失，但公司董事长为此十分震怒。

他也十分内疚，但实在想不明白，为什么会误译一个并不生僻的单词。

反省再三，他醒悟过来，这些年忙学日语，早已疏于对英语词汇的充实和温习，错误的发生其实是不可避免的。

他在自己的专业上败下阵来，而且他的日语即使苦学几载，也无法达到对手的水平，他悔之不及。

一个人想击败对手，往往会忘了自己的优势，却沿着对手的思路进行思考，照搬照抄别人的做法。但是，一个走"抄袭"道路的人是根本无法进入别人最为熟悉也最有优势的领域的。

人生也是如此。不论你境况如何，你都不会一无是处。譬如诚实、自信、坚强，或者一项技能，你只要拥有其中的一项，并且让它很优秀，它就会成为你一生的资本。不要把自己的优势给抛弃了，反而将自己的不擅长给表现出来，这样反而弄巧成拙，事与愿违。

小雨是班里公认的才女，文章锦绣，丹青夺神，可就是有一块心病挥之不去：数理化成绩老是位居中游。要强的小雨决心扔掉自己的特长，攻克数理化难关……

小欢的画画很好，在上大学期间，网络的发达使她的画画基本没有用武之地，因此小欢同样依靠网络。久而久之，小欢的画画水平慢慢降低，画出的画也没有了原来的生动，因而原来的才女变成了社会中一抓一大把的平庸女子。

在生活中，由于主动和被动的原因，类似这样的现象可以说是屡见不鲜。一个没有特长技艺的人是可悲的，有了特长和技艺却不懂得珍惜的人，更加可悲。

几乎没有哪两个人的智力是完全一样的。假如你感觉你的音乐才能不如贝多芬，数学才能不如牛顿，思辨才能不如尼采，你大可不必为此而悲哀。也许你的数学才能比贝多芬强，音乐才能超过牛顿，工艺制作的才能更胜尼采一筹，所以不要总是拿自己的短处和别人的长处作比较。

面对当今需要人才的社会，全面发展的学生已经供不应求，我们不仅要学习自己感兴趣的科目，而且还要学习自己不感兴趣的科目。通过多学科的学习，扩大知识范围，掌握书面语言及逻辑思维的方法，以适应未来社会对复合型人才的需求。

然而，小雨为了提高自己的学习成绩，远离自己所钟爱的文学与艺术，正是弃其所长，就其所短。尽管人们有太多的理由重视学习成绩，可是无数的事例证明，不能把单纯的学习成绩好视为成材的标准。而小欢却为世俗所感染，放弃了自己的擅长，这是多么的可悲啊。

在这个世界上，差异是我们每一个人存在的理由。一个人的个性（品质、特征、特长、爱好）应当成为他个人尊严最神圣的一部分，也是个人魅力之所在。缺乏个性或不能坚持个性的人不会得到人们的尊重和爱戴，必定是一个平庸之辈。个性具有内在价值，是一个人最宝贵的资源和财富。我们应当珍惜、保护和发展自己的优势，并为它骄傲，用以弥补自己的劣势，使自己成为自信、自强、独立、想像力丰富的人。优秀的有独创性的人都有较强的个性，创造性就意味着与众不同，没有特质的个性哪来的创新精神和勇气？

　　在一个民主的社会里，我们都坚信生而平等，职业没有什么贵贱，在这种情况之下，如果能够好好培养自己的兴趣与才能，站在自己的工作岗位上，好好为人民、为社会做出贡献，便是杰出的人。

（十二）善于把握机遇

　　一位著名的斯巴达斗士，在回答他一生中最让他受益匪浅和难忘的人和事是什么时，他的回答是母亲给他的一句话。

　　那时，他刚刚18岁，血气方刚，正在练习击剑，当他还没刺到对方身上时，对手的剑早到了他的身上。"唉，谁叫我的剑太短了！"

　　"不，儿子，你前进一步，你的剑不就长了吗？"这是他母亲的回答。

　　《向你挑战》一书的作者廉·丹佛说："不要怨天尤人，命运其实就在你手中。"

　　一次有效的把握，把握一个就在身边却不能停留的机遇，这也许是一种促使自己在做某件事能够获得成功的前提，是那种值得投入却很容易的成功，展示自己某种能力的机会，也借此表明了某种意愿和思想。心里由此生出一种满足感，然而这种成功并不妨碍自己以后的作为。在新的机遇到来时还可以重新在抓住，因为这是一种自然的法则与公平。看上去好像很富有私心，就好像成功能使自己得到许多的实惠。也许在许多年以后，经过生活的磨砺会发现善于把握机会的真实好处了。那时候才明白那一次自己所抓住的，其实不是只有自己才能必须拥有的，它应该是大家都可以拥有的，只是他们没有真正重视并抓住它。

　　生命不能重生，时间也不能复返，同样的机遇也不容易再有。我们可以有一些失误，但不应该始终都在失误，总是不善于把握机遇，也不能迷信宗教的超脱，梦想生活在世外桃源。不管身边的生活如何变化，不管个人选择是否有效，更不管身边于人于己的有利机遇如何，人们总以逃避现实为结果。其实，就是一种不负责任的做法。

美国有一句著名的格言："要想改变世界，首先改变你自己。"要改变自己，就要抓住生活赐给自己的一切机遇。

懂得紧紧抓住机遇的人，才有希望摘取成功的果实。争取机遇，抓住机遇，就要勇敢地以自己的最佳优势迎接挑战，要力求选择最佳方案，然后见之于行动。

虽然机遇是一种不以人们意志为转移的客观因素，有一定的神秘性，但是也不是无法捉摸和预料的。聪明的人总是一方面从事手头的工作，一方面注意捕捉着取得突破或成功的机遇，当时机没有成熟的时候，便积蓄力量或者寻找出路，一旦时机成熟就顺应形势或潮流，促成自己的事业达到高潮。

常常听到有些人抱怨命运女神忽略了他，总以为自己碰不上好机遇，总以为能够利用的机遇太少，因而把工作和生活上的一切不顺心的事，都归结到机遇很少光临自己。

廉·丹佛认为，机遇对每一个人都是公平的，不存在厚此薄彼的问题，这就像阳光雨露会播撒到大地上的每一块地方一样，关键是一个人面对机遇究竟能不能真正把握住。

在能够把握机遇并且充分地利用机遇的人那里，机会时刻都存在着。对机遇就像有经验的船夫利用风一样，两者之间似乎有一种默契；而在对机遇毫无知觉也不会很好地利用的人那里，即便机遇来到眼前，他也不能及时地抓住，而是常常让机会白白地失去。

美国钢铁巨头安德鲁·卡内基是个审时度势、超前预测、看准机遇的高手。美国南北战争宣告结束之际，北方工业资产阶级战胜了南方种植园主，但林肯总统遇刺身亡。当时，全国沉浸在为庆贺统一的狂喜和悼念失去可敬的总统的悲恸之中。卡内基却清醒地预料到，战争结束后，经济复苏在即，经济发展的结果必然导致对钢铁需求量剧增。于是，他义无反顾地辞去了铁路部门有优厚报酬的工作，创立了联合制铁公司，后来发展成为 US 钢铁企业集团。他抓住了经济复苏的机遇，并获得了巨大的成功。如果卡内基墨守成规、不思进取，只是饱食终日无所用心的话，就不会有今天的美国钢铁巨人。

有的人机遇就特别多，为什么呢？从他们的经验中，拿破仑·希尔发现，他们都有自己的一套接近机遇、创造机会的方法，不妨我们也来试一试：

（1）机会来临时，快刀斩乱麻

有道是："机不可失，时不再来"。有些人，由于平时没有养成主动接受挑战的精神，当机会忽然来临时，反而心生犹豫，不知该不该接受。于是，在患得患失之际，机会擦肩而过，悔之晚矣。因此，在平时就应养成主动接受挑战的精神。在大是大非面前，一定要当仁不让。

（2）显示才能，别人才会帮你抓机会

什么是机会？有一种说法是，机会就是替自己的才华安装聚光灯。这说明，要抓住机会，仅仅有才能还不够，还需要把才华显示出来，让身边的人尤其是上司知道。这样，机会光临时，有时可能会有这样的情形，你自己没想到逮住这个机会，可上司却因为觉得你有才华，而帮你逮住了这个机会，让你喜出望外。

（3） 不冒点风险，机会便会减少

俗话说："不入虎穴，焉得虎子。"要抓住机会，还得有点冒险精神。因为机会往往是同风险叠合在一起的。要想抓住机会而又不敢冒一点风险，就会丧失许多可能导致人生重大转折的机会，使自己的一生平淡无奇。因此，在精力旺盛的年龄，最适合扮演一下牛仔角色，为自己的人生增添一点传奇色彩。当然，敢于冒风险的人不会个个成功，但成功者之中，很多是因为他们敢于冒风险。

（4） 朋友多，机会也多

善于掌握时机还要多为自己创造机会。那些走运的人不仅会掌握时机，同时还广交朋友，积极为自己创造机会主动结交朋友，多和陌生人交谈，参加各种聚会，喜欢同人打招呼，把自己作为一个"交流场"。这样，你的结交网越大，你发现某种走运机会的可能性就会越多。

人生其实很多时候都需要把握的，不把握就意味着放弃。生活中有太多的有利的时机，却不一定都能把握住，只因不善于把握，与其失之交臂。善于把握机遇，我们才能拥有通向成功的捷径。

第四章　努力奋斗　把握今天（上）

（一）奋斗以健康为本

有一个人在一家报社担任记者，精力旺盛，颇得总编的赏识。虽年近40，却有20来岁小伙子的朝气，在新闻圈内小有名气。他常说："身体好，能跑、能跳，精神自然旺盛，自信心当然强。"

然而，有一次他因为急着跑一件突发新闻，开车撞上了安全岛，右腿有了残疾。车祸发生后，他开始意志消沉，尽管好友百般鼓舞他，他自己也试图振作，但只要一看见有残疾的腿，又萎靡不振。报社无奈之余，只好解聘了他。在双重打击之下，他服下大量安眠药自杀了。

这个人的遭遇给我很大的震动。为何一个自信乐观的强者受到身体的创伤就会意志消沉？这令我体悟到，身体健康对一个人实在太重要了。德国著名哲学家叔本华曾经说过："一个健康的乞丐要比一个被疾病缠身的国王幸福得多。"可见，一个健康的身体有多么重要。居里夫人曾经讲过："科学的基础是健康的身体。"她不仅注意自己的身体，还要求她的两个女儿也要坚持锻炼。她常常带着孩子们去远足、游泳、爬山，后来她的大女儿也获得了诺贝尔奖。

人们将健康比喻为"成功的本钱"，其实这一点也不为过。成功需要精力，而精力则取决于体力的好坏，也可以这样说，失去健康比失去金钱更可怕。失去金钱固然让你损失不少，但一旦失去健康便几乎失去一切。

身体是上帝赐予人们最大的财富，但再精密的机器如果不好好保养也会磨损，如果你不爱惜自己的身体，任意挥霍糟蹋，再好的身体也经不住再三折腾。

居里夫人重视健康，并要求他的女儿同样要重视健康。奋斗都是需要以健康为本的。事实上，自1901年诺贝尔奖颁发以来，不少获奖者都是体坛健将：密立根是网球运动员。康普顿热爱球类运动。丹麦杰出的物理学家波耳年轻的时候就是丹麦国家足球队的守门员。英国杰出的戏剧家萧伯纳不仅才思敏捷，而且有一副可与运动员相比的健康体魄。萧伯纳小时候，他的父亲对他锐："孩子，以后要好好对待自己的身体，要以我为前车之鉴啊。"原来萧伯纳的父亲喜欢吃大量的肉、喝很多的酒，整天抽烟而且还不喜欢运动。萧伯纳后来生活得非常有规律，他不吸烟、不喝酒，甚至不吃肉、不喝茶，他一生都在坚持体育锻炼。

再看当今社会，随着生活节奏的加快，很多人早上起得晚，怕上班迟到，老板要扣薪水，甚至炒鱿鱼，只好牺牲早餐。但科学证明，早餐是一天中最重要的一餐，如果没吃早餐，不仅会影响工作情绪和效率，久而久之，也会得胃病。为了工作而失去健康实在不可取。因为没有了健康，纵然有豪宅、名车、财富等，也无法享受，不能称得上成功。生活中的竞争、进步都需要付出辛劳与汗水的代价，但不应付出健康与生命的代价。我们可以崇拜保尔·柯察金的精神，但是牺牲健康和生命的做法在今天的时代是值得商榷的。

而有些人则醉心于声色犬马、酗酒、抽烟、嫖赌，常常通宵达旦，依然乐此不疲。这种人无论有多大的志向，都很难成功，多半只留下壮志未酬身先垮的遗憾。

"健全的心灵寓于健康的身体"。这句格言可追溯到古罗马时代，而且历久弥新，到今天仍然适用。如果你想成功，想实现人生的自我价值，你一定要注意保持身体健康。作为人生事业目标实施主体的你，不能因自己身体情况不佳而影响到目标的实现。健康欠佳会减弱你的决策能力，因为如果达到一个目标需要较多的体力与耐力，你可能就会因此而放弃。即使这种影响只是在下意识里，终究会使你的决定不够谨慎，以致波及到许许多多的人。

身体的健康与否，可以决定一个人的勇气和自信心，而勇气和自信心，通常是成就大事业的必需条件。要想取得成功，就必须每天保持身体健康。也许你会说："怕什么？我还年轻！等到身体不行时，还可以吃滋补品啊！"的确，医学发达，各种滋补品和药品越来越多，但真的有效吗？"可以买保险啊！"也许你会如此辩解。殊不知，最好的保险就在于你生活有规律。如果身体不健康，纵有保险金你也享受不到。其实，健康也是财富啊，而且是最大的一笔财富。

要保持身体健康，我们不仅要多锻炼身体，还要做很多事，例如保持充足的睡眠，保持快乐的心情，节制饮食，保持生活环境的良好。一个人要长期保持朝气蓬勃，他要采取很多行动，但其中最重要的是把所有老旧、疲弱、衰亡、没精打采、不快乐的想法清除出去。

健康的身体大多有赖于健全的心理。我们常常会听人说："我烦得要死。"这是句很平常的话，用以表达极度的忧虑与烦恼。一个人过分忧烦，就算不死也会生病。有一位医生曾经说过，他的病人中50%的人有忧烦的症状。可以说，忧烦是极大的现代瘟疫。你有不健康的想法，身体就容易变得不健康；你要健康、充满活力和朝气，就必须克服不健康的想法。情绪的紧张、压抑可以产生长期的精神消沉和疲劳，同时也降低身体抵抗疾病的能力。长期的忧虑和烦心，没有控制的感情和脾气，现代生活的高度压力和节奏，都可以使得心脏、肾脏、肝脏和其他重要器官产生功能减退的变化。

身心健康是我们生活的基础。没有健康，那么我们所做的一切都毫无意义。千万要记住：身体是本钱，"拼命三郎"不可取。苛待身体就是剥夺成功的机会。

（二）　不思进取　必遭淘汰

中秋佳节，家家户户都会买些月饼过节，很多食品公司看准这一点而作出促销活动。因为月饼的利润大，时效性强，众厂家为抢占月饼市场，各出奇招。广告出奇制胜，包装不断翻新，口味南北咸甜齐上，月饼战场上硝烟弥漫。

某食品公司的经理为推销该公司生产的月饼几年来连出奇招。第一年，公司做了一个特大型的月饼，定价 88 888 元，摆在月饼专柜的醒目位置当作广告，引起消费者们的好奇心，观者如潮，虽然特大月饼并没能售出，但该公司的月饼销售额增加了 1 倍。

第二年，其他月饼厂家纷纷起而效尤，也摆出特大月饼来促销。该经理又出奇招，既然上一年的特大月饼没卖出，为何不把月饼分成小块让顾客品尝呢？"吃人嘴软，拿人手短"，既然品尝了，就不好意思不买，很多人便掏钱买该公司的月饼。

第三年，其他厂家又纷纷仿效，请顾客免费品尝月饼，这位经理又出一个新招：请人品尝，但每块收费 1 元钱。顾客将该公司的专柜挤得水泄不通，原因在于该经理抓住了消费者的心理，他让人们觉得该公司的月饼，比其他那些免费品尝的月饼有过人之处；而且，让人产生一种平衡心理，既然给了钱，那吃起来也就不是白吃，觉得自己还捡了便宜。

　　在众多的竞争对手中，这位经理屡出奇招，技高一筹，也就能够脱颖而出，独占鳌头。

　　现代社会，竞争无处不在，争绩效、争排名、争权势、争奖金、争薪水、争升职。可以说，自有人类便有竞争，整个地球直至宇宙充斥着竞争。

　　达尔文的生物进化论："适者生存，不适者淘汰。"无论恐龙曾经怎样繁盛一时，仍未逃脱绝迹的厄运。但是据现在科学家所说，鸟类便是恐龙进化而来，鸟类便是竞争到最后的胜利者。

　　竞争犹如过独木桥，胆小懦弱的人在桥的那一头便踌躇不前，功力不到家的人走在桥上便纷纷落水，唯有强者才能安然过桥。上帝给了我们同样的机会和生存空间，你怎能不去争取属于你自己的那一份呢？

　　世上的好处就那么大，如果别人多拿一份，你就会少拿一份。大树多荫，夺去了很多的阳光、空气和雨水，灌木和苔藓就只能在阴暗潮湿的地方苟延残喘。所以你要在竞争中勇往直前，拔得头筹，才能扬眉吐气。

　　竞争是生存的必须，是进取心的表现。进取心是一种极为难得的品质，它能驱使我们主动地去做应该做的事。进取心是人们走向成功的动力。我们每个人都有不同的价值观念。每个人的价值观念从各个方面决定了我们的存在，同时又受到社会的检验。我们每个人应珍惜只有一次的生命，抱有强烈的进取心，认真对待生活，周围的人才会为这种生活态度感动、感化以至感谢。

　　进取心是一种能量，点燃即可燃烧，放出热量。不过，点燃时需要先有释放高温的火种。我们自己首先燃烧，成为火种，才能点燃他人。体育运动之所以激动人心，就是因为体育运动使每个人感受到一股灼人的热气，使我们内心燃烧起一股斗志，冲击我们的心灵，灼热我们的胸膛。这一切是教练、运动员们强烈的进取心、激情散发出的能量。

　　当然，任何成功的人都知道成功来之不易，如果没有强烈的进取心就不会有热情。进取心能将成功印象意识化、喜剧化，并能享受想象成功的快乐，能让你始终抱着我要成功、我会成功、我一定能成功的信心，一刻也不松懈，直到成功为止。

　　假如我们不思进取，缺乏进取心，那么在当今这个物竞天择的社会，我们会赶不上社会的脚步，被社会所淘汰。

（三）天道酬勤

　　"任何成功总是属于勤奋不懈的人。"

　　"书山有路勤为径，学海无涯苦作舟。"

　　"勤奋是理想的翅膀，懒惰是学习的敌人。"

　　"天才就是勤奋。"

　　"任何成功总是属于勤奋不懈的人。"

　　"业精于勤，荒于嬉。"

　　……

　　无数的格言、警语和许许多多成功者的实践告诉我们：勤奋是无价之宝。

　　勤奋是一个人在学习上、事业上卓有建树的基本条件。勤奋的人付出的是汗水，得到的是成功；懒惰的人付出的是生命，得到的是空虚和衰老。

　　什么叫勤奋？

　　勤，就是善于充分利用时间；奋，就是勇于同困难作斗争。

　　勤奋,就是为了学习和事业上的成功,用好每一个今天,不畏任何艰难困苦。

　　我们的祖先把"勤"和"奋"联合组成"勤奋"这个词,是深含哲理、耐人寻味的。

　　"勤"的反面是懒,勤而不懒少不了"奋"。尤其对于正在求学的学生来说,学习就是在知识道路上进行长征。一门又一门的功课,一本又一本的书,就像前进道路上的千山万水。要越过这些山山水水,难免会遇到这样或那样的困难,甚至是挫折。如果缺乏奋斗精神,遇难而退,就不可能持久地"勤"下去。反之,有"奋"无"勤",成天只是嘴上高喊:"不怕困难!不怕困难!"充其量只不过是个纸上谈兵的角色,于实际毫无意义。

　　"勤"和"奋"是相辅相成的,二者缺一不可。一个人要想不虚度一生,应当视"勤奋"如同形影,永不分离。

　　没有人能只依靠天分成功。上帝给予天分,勤奋将天分变为天才。

　　曾国藩是中国历史上最有影响的人物之一,然而他小时候的天赋却不高。有一天在家读书,对一篇文章重复不知道多少遍了,还在朗读,因为,他还没有背下来。这时候他家来了一个贼,潜伏在他的屋檐下,希望等读书人睡觉之后捞点好处。可是等啊等,就是不见他睡觉,还是翻来复去地读那篇文章。

　　贼人大怒,跳出来说:"这种水平读什么书?"然后将那文章背诵一遍,扬长而去!

　　贼人是很聪明,至少比曾先生要聪明,但是他只能成为贼,而曾先生却成为毛泽东主席都钦佩的人:"近代最有大本夫源的人。"就是因为曾国藩的勤奋。

　　上中学的时候,班上有个女生,她很勤奋,没话说的那种,无可非议,她的成绩就这样一直很优异,她也还是一如既往的勤奋。——

也许，这是上帝在证实什么叫'天道酬勤'。可这'勤'是坚持的'勤'。谁都明白做一天和尚容易，可念一辈子经就很难了。

天道酬勤为我们揭示了一条生活的哲理即付出就会有收获，苦尽甘来，遭遇逆境苦难时，只要不懈坚持，就会有丰厚的回报。汗水是滋润灵魂的甘露，奋斗是理想飞翔的翅膀。在人生的征途上，我们每一个人都希望到达理想的彼岸。然而，仅仅有理想是不够的，必须付出艰苦的劳动。付出了努力，才会有收获。

成功之路，出于勤奋。脚踏实地，是达到理想目标的必由之路。19世纪60年代，中国出现了一批近代科学家，他们为发展中国的近代科学作出了重要贡献。其中李善兰较为著名。他勤奋学习，曾在上海参加西方数学、力学、天文学等著作的翻译工作，后在同文馆天算学总教学。经过他多年的研究和日日夜夜废寝忘食的勤奋工作，他在《方圆阐幽》中，以独特的方式阐述了微积分的初步理论。他研究的高阶等差级数求和问题，被国际数学界命名为"李善兰恒等式。"革命导师马克思从小立志，在中学毕业试卷里就表示要选择最能为人类谋福利的职业。他后来为写《资本论》花了整整40年的时间。每天到大英博物馆，几十年如一日，倘若没有坚持不懈的努力，哪有巨著《资本论》？这不能不使我们深思。

梅兰芳所创造的舞台艺术形象经久不衰，他成为人们耳熟能详的戏剧代表人物，但你是否知道他曾经被认为笨得无法学戏呢？著名的音乐家莫扎特之所以在音乐上取得非凡的成就，除其个人的天赋以外，更是他每天都进行十六七个小时刻苦训练的结果。正如著名科学家富兰克林所说："勤勉是好运之母，上帝把一切事物都赐予勤勉。"这充分说明了一个道理：机会的出现并不是偶然的，要想在工作中出人头地，创造机会，达到自己事业的高峰，就离不开个人的勤奋努力，否则，一切都是空谈。

　　"勤能补拙是良训，一分辛劳一分才"。因此我们必须勤奋学习，勇于攀登。"勤学如春起之苗，不见其增，日有所长；辍学如磨刀之石，不见其损，日有所亏。"据说，这是陶渊明告诉后生的求学之道。如今，摆在我们面前的是一条充满挑战和机遇的路，在这条路上脚踏实地，勤奋不辍，才能取得辉煌的成果。